AF645493

Julia DiGangi

ENERGY RISING

DIE NEUE KRAFT DER EMOTIONEN

Wie Führungskräfte von der Neurowissenschaft profitieren

REDLINE | VERLAG

Julia DiGangi

ENERGY RISING

DIE NEUE KRAFT DER EMOTIONEN

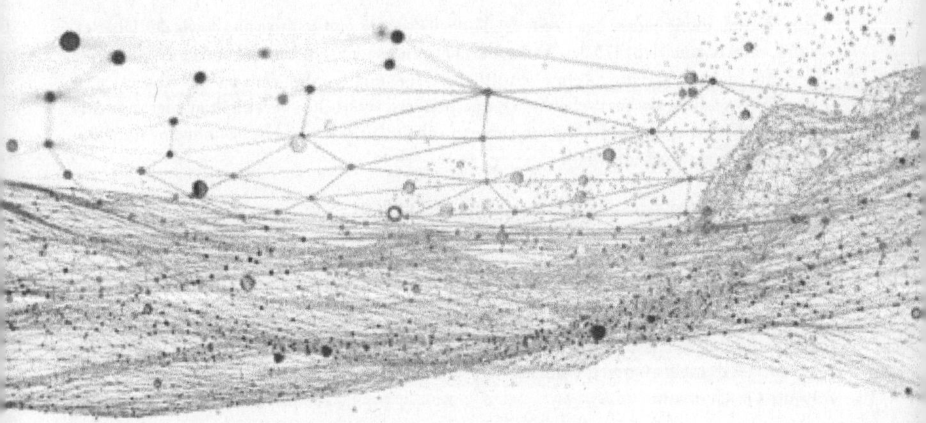

Wie Führungskräfte von der Neurowissenschaft profitieren

Bibliografische Information der Deutschen Nationalbibliothek
Die Deutsche Nationalbibliothek verzeichnet diese Publikation in der Deutschen Nationalbibliografie. Detaillierte bibliografische Daten sind im Internet über https://dnb.de abrufbar.

Für Fragen und Anregungen
info@m-vg.de

Wichtiger Hinweis
Ausschließlich zum Zweck der besseren Lesbarkeit wurde auf eine genderspezifische Schreibweise sowie eine Mehrfachbezeichnung verzichtet. Alle personenbezogenen Bezeichnungen sind somit geschlechtsneutral zu verstehen.

1. Auflage 2024
© 2024 by Redline Verlag, ein Imprint der Münchner Verlagsgruppe GmbH
Türkenstraße 89
80799 München
Tel.: 089 651285-0

© 2023 by Julia DiGangi. All rights reserved.
Veröffentlicht in Absprache mit Harvard Business Review Press.
Die 1. Originalausgabe erschien 2023 bei Harvard Business Review unter dem Titel *Energy rising*.

Alle Rechte, insbesondere das Recht der Vervielfältigung und Verbreitung sowie der Übersetzung, vorbehalten. Kein Teil des Werkes darf in irgendeiner Form (durch Fotokopie, Mikrofilm oder ein anderes Verfahren) ohne schriftliche Genehmigung des Verlages reproduziert oder unter Verwendung elektronischer Systeme gespeichert, verarbeitet, vervielfältigt oder verbreitet werden. Wir behalten uns die Nutzung unserer Inhalte für Text und Data Mining im Sinne von § 44b UrhG ausdrücklich vor.

Übersetzung: Bärbel Knill
Redaktion: Monika Spinner-Schuch
Umschlaggestaltung: Maria Verdorfer
Umschlagabbildung: AdobeStock/ Siarhei
Satz: inpunkt[w]o, Wilnsdorf (www.inpunktwo.de)
Druck: GGP Media GmbH, Pößneck
Printed in Germany

ISBN Print 978-3-86881-971-7
ISBN E-Book (PDF) 978-3-96267-600-1
ISBN E-Book (EPUB, Mobi) 978-3-96267-601-8

Wir produzieren nachhaltig
www.m-vg.de

Weitere Informationen zum Verlag finden Sie unter
www.mvg-verlag.de
Beachten Sie auch unsere weiteren Verlage unter www.m-vg.de

Für all die unter uns,
die über sich hinauswachsen wollen,
selbst wenn es weh tut.

Inhalt

TEIL ZWEI

Einführung

Ich möchte Ihnen gern etwas über Ihre emotionale Stärke erzählen – über Ihre Fähigkeit, inmitten der unvermeidlichen Herausforderungen des Lebens stark zu bleiben. Dieses Buch soll Ihnen helfen, Ihre Arbeit, Ihre Beziehungen und – am allerwichtigsten – Ihr Leben umzuwandeln, indem Sie effektiver mit Ihrer emotionalen Stärke arbeiten.

Ihre Emotionen entscheiden in vieler Hinsicht darüber, wie Sie die Dinge erleben. Sind Sie erfolgreich genug? Kommt darauf an. Was sagt Ihnen Ihr *Gefühl*? Ist Ihr Leben mit Sinn erfüllt? Kommt darauf an. Was sagt Ihnen Ihr *Gefühl*? Könnten Sie effektiver sein? Freundlicher? Selbstbewusster? Sind Sie ein guter Manager, Unternehmer, Elternteil oder Partner? Kommt darauf an.

Was sagt Ihnen Ihr *Gefühl*?

Solange Sie nicht wissen, wie Sie Ihre Emotionen effektiver einsetzen können, kann es leicht passieren, dass Sie enorm viel Energie darauf verschwenden, mit aller Gewalt an den falschen Hebeln zu reißen, um eine Veränderung zu erreichen. Und wenn Sie zu lange an den falschen Hebeln ziehen, fühlen Sie sich gestresst, frustriert, wütend und erschöpft. Mit der Zeit bekommen Sie das Gefühl, dass es in Ihrem Leben zu viel Widerstand gibt – dass Sie in Situationen feststecken, die Sie nicht mögen, in Jobs, die Sie nicht wollen, und in Beziehungen, die Ihnen keine Freude machen.

Ihre Emotionen sind die Brücke zwischen dem Punkt, an dem Sie derzeit stehen, und dem Punkt, wo Sie sein wollen. Wenn Sie lernen, wie Sie mit der Energie Ihrer Emotionen arbeiten können, finden Sie zu Selbstbestimmung, Klarheit und Zufriedenheit. Dieses Buch ist Ihrem emotionalen Aufstieg gewidmet – Ihrer Fähigkeit, die emotionale Stärke zu behalten, auch in schwierigen Situationen.

Eines muss jedoch klar sein: Die Kraft der Emotionen ist *nicht* die Fähigkeit, sämtlichen Stress, alle Angst, Furcht, Enttäuschung oder andere schlechte Gefühle aus Ihrem Leben zu tilgen. Vielmehr ist Ihre emotionale Stärke Ihre Fähigkeit, über sich hinauszuwachsen, selbst wenn Ihre Situation Ihnen viele gute Gründe liefern würde, klein zu bleiben.

Um dies tun zu können, müssen Sie zunächst verstehen, was Ihre Emotionen eigentlich sind: Energie. Das meine ich im physikalischen Sinn. Ihre Emotionen sind das Produkt einer komplexen Choreografie aus elektrischer, chemischer und magnetischer Energie. Neurowissenschaftler verwenden mehrere Methoden, um diesen Tanz im Gehirn nachzuverfolgen. In meiner Arbeit habe ich oft die funktionelle Magnetresonanztomografie (fMRI) und das Elektroenzephalogramm (EEG) verwendet, mit denen wir sehen können, was im Gehirn passiert, wenn wir eine bestimme Emotion hervorrufen – Furcht, Ärger, Freude und vieles andere. Mit dem fMRI messen wir Veränderungen in der chemischen Energie des Gehirns. Das EEG hilft uns, Spannungsspitzen der elektrischen Ströme des Gehirns zu messen. Da dieser Energieaustausch auf vorhersehbare Weise stattfindet, können die Neurowissenschaftler das Gehirn studieren, um wirkungsvolle, heilende Veränderungen im Leben der Menschen herbeizuführen.[1]

Unser Gehirn ist, im wörtlichen Sinne, die ultimative *elektrische Maschine.* Indem es elektrische Impulse mit einer Geschwindigkeit von bis zu 418 Kilometern pro Stunde sendet und in jeder Sekunde Tausende elektrochemischer Reaktionen katalysiert, erschafft unser Gehirn die Realität.[2]

Sehen Sie sich mal um. Egal wohin Sie blicken, überall sieht man den Beweis dafür, dass Menschen die Energie ihres Gehirns dazu nutzen, um ihre Emotionen in Gedanken und ihre Gedanken in Dinge zu verwandeln. Von der Technik über die Medizin bis hin zu Krieg und Lyrik, alles, worauf Sie in der physischen Welt zeigen können, musste seinen Ursprung als elektrischer Funke in der gallertartigen, drei Pfund schweren Masse im Schädel irgendeines Menschen nehmen. Wenn das ein Science-Fiction wäre, würden Sie es gar nicht glauben.

Haben Sie schon mal in Ihrem Leben etwas versucht – ein Projekt zu starten, ein Team aufzubauen, ein Unternehmen zu gründen, eine Beziehung anzufangen, einem Kind etwas beizubringen –, das eigentlich *hätte* funktionieren *müssen*? Mit anderen Worten, Sie hatten die *richtige* Strategie. Sie hatten die *richtigen* Leute mit dem *richtigen* Plan, die auch wussten, wie man die *richtigen* Dinge tut, aber aus irgendeinem Grund – einem Grund, den Sie nicht so genau benennen können – hat es einfach nicht funktioniert.

Was Sie gebraucht hätten, ist die richtige Energie. Wie Sie in den kommenden Kapiteln erfahren werden, gibt es gar nicht genug Strategien auf der Welt, um die falsche Energie auszugleichen, denn unser Gehirn funktioniert mit Energie, nicht mit Strategien. Dieses Buch geht von einer neuen und einfachen Prämisse aus: Emotionale Energie versteht man am besten nicht als Ansammlung von Aktivitäten oder Strategien, die man ausführt, **sondern als Energie, die man besitzt**. Und wenn man lernt, sich diese Energie auf kluge Weise zunutze zu machen, beginnt man, sein Leben in die gewünschte Richtung zu lenken.

Die Energieströme im Gehirn erschaffen Empfindungen, denen wir dann unterschiedliche Namen geben – Freude, Angst, Zorn, Stress, Aufregung, Kummer, Liebe, Hoffnung, Ärger, Begehren oder Langeweile. Aber wenn man sie auf ihren Kern reduziert, kann man all diese Emotionen auf nur zwei Arten von emotionaler Energie eindampfen: solche, die wehtun, und solche, die guttun.

In diesem Buch werden wir diese beiden Energien folgendermaßen nennen:

- **Emotionaler Schmerz**: jede negative emotionale Empfindung, die man fühlt. Auch wenn sich Schmerz vielleicht wie die Bezeichnung für einen katastrophalen Zustand anhört – was er auch manchmal sein kann –, werden wir sie ganz allgemein verwenden, um *jede Art negativer Empfindung* zu beschreiben, *die man fühlt*. Diese negativen Empfindungen bezeichnen Sie im normalen Leben vielleicht als Stress, Angst, Furcht, Zorn, Kummer, Frustration, Ärger, Verlegenheit, Scham, Erschöpfung, Befangenheit, Unzulänglichkeit, Enttäuschung oder Eifersucht.
- **Emotionale Stärke**: jede emotionale Empfindung, die einem ein Gefühl von Selbstwert gibt. Im normalen Leben bezeichnen Sie diese positiven Empfindungen vielleicht als Selbstwert, Selbstvertrauen, Stärke, Wertschätzung, Integrität, Frieden, Resilienz, Bedeutung oder Wichtigkeit.

Ich habe im Lauf der Zeit gelernt, dass eines der größten Paradoxa im Leben lautet: Die emotionale Stärke eines Menschen hängt direkt von seiner Fähigkeit ab, mit der Energie des eigenen emotionalen Schmerzes umzugehen. Wird sie klug genutzt, dann ist es, so kontraintuitiv das klingen mag, die Energie des emotionalen Schmerzes, die einen Menschen stark macht. Wenn Sie schon lange Zeit feststecken – sich verloren fühlen, verwirrt, verängstigt, uninspiriert, *machtlos* –, dann deshalb, weil Sie mit dem Schmerz falsch umgegangen sind. Um sich zu neuen Höhen emotionaler Stärke aufzuschwingen, werden Sie eine zentrale kontraintuitive Prämisse akzeptieren müssen: **Ihr emotionaler Schmerz – all die negativen Gefühle, die Sie ständig versuchen zu vermeiden – ist oft genau der Weg zu Ihrer Selbstbestimmung.**

Eine häufige Reaktion auf schmerzliche negative Gefühle wie Stress, Furcht, Kummer, Verlegenheit oder Angst ist, sie vermeiden zu wollen. Also vermeiden wir im Allgemeinen Gespräche, Menschen, Orte und Erinnerungen, die uns Schmerz bereiten. Das Problem ist jedoch, dass ein chronisches Vermeiden der schmerzlichen Gefühle diese Gefühle nicht beendet; es kostet Sie nur Kraft. Das ganze Ignorieren, Verdrängen und Leugnen verbraucht eine riesige Menge der *aktuell verfügbaren* neuropsychologischen Energie. Studien haben ergeben, dass die Vermeidung von negativen Gefühlen uns zermürbt.[3] Die Energie, die wir darauf verwenden, permanent unsere schmerzlichen Gefühle zu vermeiden, erzeugt weitere schmerzliche Gefühle, in Form von Erschöpfung, Burn-out, innerer Leere oder Gefühllosigkeit.

Die gute Nachricht ist: Es gibt eine Lösung. Ich gebe Ihnen hier eine Reihe praktischer Strategien und Methoden an die Hand, die ich die *Neuroenergetik der emotionalen Stärke* nenne, ein Modell, das durch meine Arbeit als Neuropsychologin entstanden ist. Neuroenergetik ist einfach die Idee, dass unser emotionales Leben auf der Basis der echten physischen Energie des Gehirns stattfindet. Wenn wir klarer verstehen, wie das Gehirn unsere Realität konstruiert, können wir unser Leben erfüllter und mit mehr Selbstbestimmung führen. Die Neuroenergetik, die ihre Wurzeln in den Neurowissenschaften und in der Psychologie hat, verschafft Ihnen Zugang zu neuen Höhen der emotionalen Stärke.

Noch etwas zu meiner Person: Ich bin Neuropsychologin. Meine Arbeit konzentriert sich auf die Verbindung zwischen dem Gehirn, emotionalem Schmerz und emotionaler Energie. Ich habe verschiedene Forschungsarbeiten durchgeführt und mit Kollegen in Labors und Kliniken in Harvard, Columbia, Georgetown, der University of Chicago, DePaul und der University of Illinois in Chicago die Funktionsweise des Gehirns untersucht. Ich habe Forschungen angestellt über das Gehirn, Trauma, Emotionen, Resilienz, Psychopathologie, Beziehungen und Genetik.[4] Zusätzlich zu meinen Erfahrungen in Forschung und klinischer Medizin habe ich mit Führungskräften auf höchster Ebene zusammengearbeitet und von ihnen gelernt, darunter die Pressestelle des Weißen Hauses, globale Unternehmen, internationale NGOs und das Militär. Bevor ich Neuropsychologin wurde, war ich in der internationalen Entwicklungshilfe tätig, wo ich in von der UN deklarierten Notfallzonen Hilfe leistete.

Viele Jahre lang habe ich mit Menschen überall auf der Welt zusammengearbeitet, die die verschiedensten Arten und Formen von emotionalem Schmerz erlitten haben, von extremem Trauma bis zum alltäglichen Stress. Ich hatte das große Privileg, mit Überlebenden von Folter, Genozid, sexueller Gewalt, häuslichem Missbrauch, Schießereien und Krieg zu arbeiten. Ich arbeite auch regelmäßig mit Managern, Unternehmern, Eltern, Paaren, Arbeitskollegen und Freunden, die gemeinsam das schwere Los tragen, Menschen zu sein, mit allem, was das bedeutet. Sie haben mit Ängsten um ihre Beziehungen zu kämpfen, mit Leistungsdruck, Versagensängsten, mangelndem Selbstwertgefühl oder Stress durch Zeitdruck. Wenn Sie je mit Ihren Gefühlen zu kämpfen hatten oder haben, kann ich Ihnen versichern – dieses Buch ist genau das Richtige für Sie.

Auch wenn die Ursachen und die Schwere unserer Erfahrungen oft sehr unterschiedlich sind, sind sich die emotionale Energie, die ihnen zugrunde liegt, und deren Lösungen erstaunlich ähnlich. Schmerz ist etwas zutiefst Persönliches, jedoch gleichzeitig etwas universell Menschliches, was uns alle verbindet. Der Schmerz, den Sie empfinden, egal wie er aussieht, kann dazu genutzt werden, Sie zu verwandeln. Ich habe schon viele Menschen erlebt – Berufstätige, Eltern oder Partner –, die gelernt haben, mit ihren Gefühlen intelligenter umzugehen. Wenn das passiert, verändert sich das Leben dieser Menschen, und das der vielen anderen in ihrem Umfeld, für immer.

Führen mit emotionaler Energie

Die eigene emotionale Energie zu verstehen, ist ein Teil im Prozess; aber wie stark Ihre emotionale Energie ist, wird dadurch bestimmt, inwieweit Sie lernen, sich selbst durch diese emotionalen Energien zu führen – besonders die herausfordernden. In den folgenden Kapiteln werde ich Ihnen erklären, wie Sie sich auf emotional intelligente Art selbst führen können.

Egal ob Sie ein Manager sind, der große Teams leitet, ein Unternehmer, der sich selbst durch die Herausforderungen beim Aufbau eines Unternehmens lenken muss, ein Elternteil, der das Leben der Kleinen steuert, ein Lehrer, der den Kindern das Lernen beibringt, oder einfach ein Mensch, der gerne ein emotional befriedigenderes Leben führen würde – dieses Buch ist genau das Richtige für Sie. Ich weiß, dass es schon eine Menge guter Ansätze über Führung gibt – über die Strategie des Führens, die Struktur des Führens, die Kommunikation bei der Führung und so weiter. Dieses Buch unterscheidet sich davon in zwei Aspekten:

Erstens betrachten wir Führung nicht als Position, sondern als Persönlichkeitsmerkmal. Für unsere Zwecke bedeutet Führung nicht unbedingt, dass Sie in einer leitenden Funktion tätig oder für soundso viele Mitarbeiter verantwortlich sind. Der Begriff bedeutet viel mehr.

Unsere Definition von Führung lautet ganz einfach: die Fähigkeit, die eigene Energie zu nutzen, um das eigene Leben zu beeinflussen. Das heißt, Führung ist nicht nur das, was Sie zwischen 9 und 17 Uhr *tun*; sondern wer Sie in Ihrem ganzen Leben *sind*. Es ist die Art und Weise, wie Sie Ihr Leben bei der Arbeit, zu Hause, als Elternteil, in Ihrer Beziehung oder in den sozialen Medien steuern.

Zweitens, wie gut Sie andere führen können, hängt davon ab, wie gut Sie die eigene emotionale Energie nutzen können, um sich selbst zu führen. In meiner Arbeit sehe ich sehr häufig unterschiedliche Führungstypen, die sich intensiv mit den emotionalen Erfahrungen *anderer* befassen. Vorgesetzte machen sich Sorgen um ihre Mitarbeiter; Eltern starren obsessiv auf ihre Kinder; Partner in Liebesbeziehungen beschäftigen sich mit dem anderen Partner. Es ist jedoch sehr viel seltener, dass führende Personen ihre *eigenen* emotionalen Erfahrungen bewusst reflektieren, als *primäre* Kraft, die sich darauf auswirkt, wie sie in ihrem Leben und dem Leben anderer auftreten.

Wenn die Verbindung zwischen unserer Führung, unserer Emotion und unserer Wirkung auf andere fehlt, macht uns das weniger mächtig, als wir eigentlich sind. Es geht nicht darum, dass die Emotionen anderer für Ihr Leben nicht wichtig wären. Im Gegenteil, sie sind enorm wichtig. Neurowissenschaftliche Forschungen haben gezeigt, dass Emotionen ansteckend sein können. Es gibt zahlreiche wissenschaftliche Berichte, die beschreiben, dass Menschen ihren inneren emotionalen Zustand mit den Menschen um sie herum synchronisieren.[5]

Denn auch wenn Sie den emotionalen Zustand einer anderen Person nicht direkt kontrollieren können, werden andere *dennoch* durch Ihre emotionale Energie beeinflusst. Zum Beispiel kann ein Elternteil, der frustriert ist, weil sich sein Kind nicht beruhigen will, das Kind nicht beruhigen. Aber wenn der innere Zustand des Elternteils ruhig wird, passt sich das Kind schnell an diese besänftigende emotionale Energie an. Genau so ist es mit einem Vorgesetzten, der sich auf Methoden fixiert, um seine wenig engagierten Mitarbeiter zu motivieren, sich selbst dabei aber unmotiviert fühlt, wenn er daran denkt, wie unmotiviert sein Team ist. Wenn aber der Vorgesetzte zu einer inneren Inspiration findet, stimmen sich die unmotivierten Mitarbeiter auf die Inspiration der Führungskraft ein.

Unser Leben zerbricht an unserem *eigenen* emotionalen Schmerz – dort, wo wir unsere *eigenen* negativen Gefühle empfinden, wie Stress, Angst, Unzulänglichkeit oder Kummer. Solange man keine Situation hat, durch die man sich schlecht *fühlt*, hat man auch kein Problem. Die Art und Weise, wie Sie Ihr Leben führen, hat sehr viel damit zu tun, wie Sie sich selbst durch Ihre eigenen schwierigen Emotionen hindurchführen – durch die Entscheidungen, die Sie treffen, die Art, wie Sie reden, die Risiken, die Sie eingehen, oder die Verbindungen, die Sie aufrechterhalten. Wenn führende Personen ihre Beziehung zu den eigenen Emotionen verändern, verändern sich die Beziehungen und die Welt erhebt sich.

Wie dieses Buch funktioniert

Im Zentrum der Neuroenergetik der emotionalen Stärke stehen acht neuroenergetische Codes. Stellen Sie sich jeden dieser Codes wie einen Plan vor, der Ihnen erklärt, wie Sie sich die Energie Ihres Gehirns zunutze machen können, um in Ihrem Leben und dem Leben anderer bestimmte Verbesserungen vorzunehmen.

Die ersten fünf von den acht Codes sind für Sie selbst. Die letzten drei Codes sind für diejenigen, die Sie führen – Ihr Team, Ihre Kunden, Ihre Kinder, Ihren Partner, Ihre Follower in den sozialen Medien, Ihre Freunde, wer auch immer. Diese letzten drei Codes werden Ihnen helfen, ohne großen Aufwand bei anderen die Verhaltensweisen hervorzurufen, die Sie sich von ihnen erhoffen.

Zu jedem Code gebe ich Ihnen mehrere Beispiele und Übungen, denn was hier im Buch beschrieben wird, ist nichts Theoretisches; es ist praktisch anwendbar. Sie werden genau verstehen, wie Sie diese neuroenergetischen Codes anwenden können, um ein Leben mit mehr emotionaler Stärke zu führen.

Wie Sie vielleicht schon ahnen, werde ich in diesem Buch eine Menge Ideen vorstellen, die nicht konventionell sind. Viele davon sind kontraintuitiv. Ganz bewusst werde ich Sie auffordern, auf eine Weise zu denken, die Ihnen befremdlich vorkommen wird – ja sogar falsch. Doch die Wissenschaft beweist ganz klar: Um den emotionalen Schmerz zu überwinden, müssen wir oft gegen unsere eigene Intuition handeln.

In diesem Buch gibt es eine Menge Geschichten, die die Schlüsselgedanken veranschaulichen sollen. Viele dieser Geschichten beschreiben Szenarien bei der Arbeit oder im Privatleben. Aber ich werde auch Beispiele aus anderen Lebensbereichen bringen und dabei Parallelen ziehen, die zunächst vielleicht unpassend erscheinen. Zum Beispiel greife ich zurück auf Momente von extremem Schmerz – wie Kriegstraumata oder Kindheitstraumata. Doch selbst wenn Sie das Gefühl haben, Sie könnten diese Beispiele nicht ganz nachvollziehen, kann ich Ihnen versprechen, dass sie auch auf manche der eher alltäglichen Schmerzpunkte in Ihrem eigenen Leben anwendbar sind. Ich werde eine Reihe Beispiele bringen, weil ich möchte, dass Sie sehen, dass es in vielen unterschiedlichen Situationen konvergierende Erkenntnisse darüber gibt, was das Gehirn tut.

Es breiten sich in Ihnen Ruhe und Klarheit aus, wenn Sie wissen, wie Sie in den unterschiedlichsten Situationen mit Ihren schwierigen emotionalen Energien umgehen können. Sie werden sehen, **das Gehirn arbeitet immer auf dieselbe Weise**. Und wenn es eine Form der Intervention gibt, die bei extremen Formen von menschlichem Leid erwiesenermaßen wirksam ist, dann lässt sich diese auch auf andere, alltäglichere Situationen anwenden.

Ich greife auch auf die Psychologie sehr komplexer Beziehungen zurück, wie der Eltern-Kind-Beziehung oder der Paarbeziehung, und verwende sie als Modelle für die Art und Weise, wie Sie im Leben mit anderen Menschen interagieren, wie etwa mit dem Team oder mit Kunden. Ich tue das nicht, weil ich glaube, Sie seien der allmächtige Elternteil auch bei der Arbeit, oder dass Sie irgendwie eine Liebesbeziehung mit den Leuten pflegen, mit denen Sie geschäftlich zu tun haben. Ich tue das, weil intime Beziehungen die stärksten und komplexesten Beziehungen sind, die es auf der Welt gibt. Wenn wir unter diesen Bedingungen die Dynamik der Beziehung umgestalten können, können wir das auch überall sonst.

Noch eine kurze Anmerkung zu den Geschichten: Ich habe die Personen darin aus verschiedenen Geschichten zusammengesetzt. Sämtliche Informationen, aus denen man auf eine Identität schließen könnte, wurden verändert, um die Menschen zu schützen, aber sämtliche Geschichten basieren auf realen Personen und deren realem emotionalem Leben.

Nun hoffe ich, dass dieses Buch Sie mit der spektakulären Energie Ihres eigenen Lebens in Verbindung bringt. Ich hoffe, es fühlt sich an wie ein Nach-Hause-Kommen, wie ein Erinnern, dass Sie selbst Ihre kraftvollste Ressource sind – und es immer waren.

Machen Sie sich bereit, über sich hinauszuwachsen.

TEIL EINS

Lernen Sie Ihre emotionale Energie kennen

Lernen Sie Ihre emotionale Energie kennen

Mit neuroenergetischen Codes die eigene emotionale Energie aufbauen

Bevor wir zu den acht neuroenergetischen Codes kommen, müssen wir die zwei Energiekategorien genauer definieren: emotionaler Schmerz und emotionale Energie. Es ist sehr viel leichter, sich die eigenen Energien zunutze zu machen, wenn man genau weiß, wonach man sucht. Also wird in diesem Kapitel erklärt, wie sich jede dieser Energien *anfühlt* und wie sie sich auf viele verschiedene Arten in Ihrem Leben manifestieren. Denn bevor Sie sie beherrschen können, müssen Sie sie erst einmal erkennen. Während wir gemeinsam daran arbeiten, Ihre emotionale Energie stärker zu machen, werden Sie sehen, dass ein großer Teil unserer Bemühungen sich besonders auf den Umgang mit der Energie Ihrer negativen Gefühle fokussiert – das, was ich emotionalen Schmerz nenne.

Definition »Emotionaler Schmerz«

In diesem Buch werden wir uns weniger auf den *physischen* Schmerz fokussieren, den Schmerz, wenn man sich den Finger in der Tür einklemmt oder auf einen Legostein tritt. Sondern ich spreche hier über Ihre Erfahrungen von *emotionalem* Schmerz. **Schmerz ist mein allumfassendes Wort für jedes negative emotionale Erlebnis, wie Stress, Angst, Druck, Furcht, Selbstzweifel, mühsamer Kampf, Zorn, Eifersucht, Enttäuschung, Unzulänglichkeit, Frustration, Kummer oder Scham**. Ich nenne all das Schmerz, weil das Gehirn diese Empfindungen auf ähnliche Weise verarbeitet. Das heißt, immer, wenn Sie sagen, Sie sind gestresst, nenne ich das Schmerz. Wenn Sie einen »schlimmen Tag« hatten oder »genervt« sind, nenne ich es Schmerz. Wenn Sie frustriert sind, gekränkt oder ängstlich, ist es immer noch Schmerz. Jedes Mal, wenn Sie ein Gefühl haben, das Sie nicht mögen, nennen wir es emotionalen Schmerz. Sie werden sehen, wenn man unzählige schlechte Gefühle zu einem einzigen Überbegriff eindampft, wirkt das unglaublich klärend – und es ist neurologisch korrekt.

Wissenschaftlich formuliert läuft es folgendermaßen ab: Wenn Sie emotionalen Schmerz empfinden, liegt es daran, dass ein Schlüsselnetzwerk in Ihrem Gehirn aktiviert wurde. Dieses Netzwerk nennt man den *frontolimbischen Schaltkreis*. Sie können ihn sich vorstellen wie eine Neuronen-Autobahn, die als Verbindungsstück zwischen zentralen Teilen Ihres Gehirns dient – wie der Amygdala, dem Hippocampus, dem anterioren cingulären Kortex, der Insula und den präfrontalen Regionen. Wenn dieser Schaltkreis aktiviert wird, erzeugt er Empfindungen, die man schließlich Angst, Stress, Furcht, Kummer, Frustration, Zorn und so weiter nennt.[6]

Ich möchte betonen, dass wir uns innerhalb der Kategorie von Gefühlen, die wir emotionalen Schmerz nennen, vor allem auf den Schmerz fokussieren werden, den man sich selbst zufügt. **Genauer gesagt werden wir über den Schmerz sprechen, der aus unserer Bereitschaft zum Selbstverrat entsteht**. Auch wenn Ihnen sehr viel Schmerz von außen zugefügt werden kann – zum Beispiel bei Überfällen oder Missbrauch durch andere Menschen –, rührt ein bedeutender Anteil von Schmerz in Ihrem Leben daher, dass Sie sich selbst verraten. Dieser Schmerz des Selbstverrats – wenn man Schmerz erzeugt, indem man sich selbst verrät oder missachtet – ist es, den ich **Selbstspaltung** nenne.

Um den Schmerz der Selbstspaltung zu verstehen, stellen Sie sich folgendes alltägliches Szenario vor: Jemand bittet Sie, an einem Projekt zu arbeiten, was Sie nicht müssen, aber Sie haben das Gefühl, Sie sollten es. Sie wollen »Nein danke« sagen, aber anstatt auf die Wahrheit Ihrer Energie zu hören, sagen Sie »Ja«. Wenn Sie nun das tun müssen, was Sie von vornherein gar nicht tun wollten, ist die Energie des »Nein« noch immer sehr lebendig in Ihrem Körper. Sie haben Ihr Verhalten von Ihren Emotionen abgespalten. In diesem Szenario gibt es keine Möglichkeit, wie Sie die volle Kraft Ihrer Energie in Ihr Leben bringen könnten, weil Sie Ihre Energie aufgespalten haben – ein Teil von Ihnen *handelt* in die eine Richtung, während ein anderer Teil in die genau entgegengesetzte Richtung *fühlt*. Sie haben sich aufgespalten und richten sich gegen sich selbst.

Auch wenn mancher Schmerz Ihnen tatsächlich von außen zugefügt wird, stammt doch eine bedeutende Menge Ihres emotionalen Schmerzes von dieser *Selbstspaltung* – den Augenblicken, in denen *Sie* sich selbst die Dinge versagen, die Sie in Wahrheit für sich wollen und brauchen.

Kommt Ihnen beispielsweise Folgendes bekannt vor?

- Sie nehmen sich fest vor, etwas für sich selbst zu tun, tun es dann aber nicht.
- Sie wollen für sich selbst eintreten, tun es aber nicht.
- Sie schwören, eine Grenze einzuhalten, tun es aber nicht.
- Sie wollen Einspruch erheben, sagen aber dann doch nichts.
- Sie wollen mit anderen in Kontakt kommen, ziehen sich dann aber doch zurück.
- Sie wollen die Wahrheit sagen, sagen dann aber doch nichts.

In Momenten wie diesen wenden Sie sich von der Wahrheit Ihrer eigenen Energie ab – und wenn Sie das tun, zeigen Sie sich selbst, dass Sie bereit sind, sich selbst zu verraten. Es gibt im Leben sicherlich Situationen, die eine klare, akute Gefahr darstellen. Aber davon ist hier nicht die Rede. Wir sprechen hier von Situationen, in denen wir uns selbst verraten, nicht, weil uns irgendeine objektive Gefahr droht, sondern weil es sich emotional zu anstrengend *anfühlt*, zur Wahrheit unserer Energie zu stehen.

Weil viele emotionale Transaktionen außerhalb der bewussten Wahrnehmung stattfinden, passiert es leicht, dass wir gar nicht merken, welcher energetische Austausch eigentlich stattfindet. Stellen Sie sich zum Beispiel einmal vor, meine Kollegin bittet mich, etwas zu tun, was ich nicht tun will, oder mein Partner redet mit mir auf eine Weise, die ich nicht mag. Beide Situationen erzeugen negative Gefühle in mir – wie Verärgerung, Zorn oder Enttäuschung. Aus dieser Energie heraus schlussfolgere ich, dass mein Partner oder meine Kollegin »sich überhaupt nicht um mich scheren und ich gar nichts dagegen tun kann«. Auch wenn das *eine mögliche* Schlussfolgerung ist, ist es wahrscheinlich nicht die aufrichtigste. Eine wirkungsvolle Frage ist hier: Habe ich eigentlich jemals deutlich kommuniziert, was ich wirklich fühle?

Sehr oft lautet in solchen Situationen die Antwort Nein und der Grund dafür ist, dass wir nicht wussten, wie wir durch unsere eigenen schmerzlichen Gefühle hindurchkommen. Der Weg mitten durch unsere eigenen Ängste und Selbstzweifel ist oft so quälend, dass wir lieber anderen die Macht über unser emotionales Schicksal überlassen, als uns um die Art und Weise zu kümmern, wie wir uns selbst verraten. Ihr dauerhaftes Problem kommt gar nicht so sehr davon, was diese Person getan oder jene Person gesagt hat. Es kommt von den Momenten, in denen Sie sich selbst zurückweisen.

Auf Ihrem Weg, Ihrer eigenen Energie auf die Spur zu kommen, kann es tatsächlich Gespräche geben, die Sie aufgrund bewusster Entscheidung vermeiden, Beziehungen, die Sie gewollt beenden, oder Kommentare, die Sie sich ganz bewusst verkneifen. Der Sinn der emotionalen Energie ist nicht, dass Sie jedem emotionalen Impuls nachgeben, der gerade hochkommt, sondern es geht darum, die *langfristige* Wahrheit darüber herauszufinden, was Sie wollen.

Der Gedanke, dass wir uns selbst verraten, ist für viele eine bittere Pille. Ich weiß, wie verlockend die »Ja, aber«-Einwände sein können, weil ich mich noch immer selbst damit belüge. »Ja, aber Sie wissen ja nicht, was passiert wäre, wenn ich zu dieser Person Nein gesagt hätte.« – »Ja, aber Sie wissen ja nicht, wie schwer meine Arbeit ist.« – »Ja, aber Sie wissen ja nichts über meine Ehe.« – »Ja, aber Sie kennen meine Kinder nicht.« Das ist eine vollkommen natürliche, menschliche Reaktion. Und das Ziel dieses Buches ist ausdrücklich, nicht uns selbst zu beschuldigen. Ganz im Gegenteil: Das Ziel dieses Buches ist, uns zu befreien. Uns überkommt ein überraschendes Gefühl von Ruhe und Ermächtigung, wenn wir erkennen, dass wir oft selbst die größten Treiber für unsere eigene Misere sind. Wenn wir uns darüber klar werden, auf welche Weise wir uns selbst Schmerz zufügen, wird uns auch klar, dass wir die Macht haben, diesen Schmerz endgültig zu beseitigen – und das fühlt sich zutiefst befreiend an.

Wenn Sie zu mehr emotionaler Energie finden wollen, ist es auch wichtig, sich die zentrale Botschaft dieses Buches vor Augen zu halten: Wir bereiten Sie auf außergewöhnliche emotionale Energie vor – eine Energie, die sich mit solcher Kraft ausbreitet, dass sie Ihre Lebensweise fundamental verändern kann. Um Ihre Energie voll und ganz zu entfalten, ist es notwendig, dass Sie prüfen, wo Sie sich von sich selbst abspalten. Bevor Sie Ihre Energie nutzen können, müssen Sie die Verantwortung dafür übernehmen. *Natürlich* wäre es leichter, wenn andere sich so verhalten würden, dass es für Sie einfacher wäre, zu sagen, was nötig ist, Ihre Grenzen zu wahren und authentisch zu sein. Es gibt wahrscheinlich eine Million guter Gründe dafür, warum es leichter ist, die anderen zu besänftigen, als sich zu weigern, sich selbst zu verraten. Das ist zwar verständlich, aber das ist nicht die Haltung einer Führungspersönlichkeit.

Sehen wir uns Krish an, einen Unternehmer, der lange Zeit davon geträumt hatte, seine Leidenschaft für Immobilien mit seinem Talent fürs Unterrichten zu verknüpfen. Sein Traum wurde wahr, als er ein Unternehmen gründete, das Online-Kurse darüber anbot, wie man in Immobilien investiert, und Hunderte schrieben sich ein. Aber bald wurde sein Traum zum Albtraum, und zwar aus einem einfachen Grund: Krish konnte den Leuten nicht Nein sagen. Ein Kunde wollte eine Rückerstattung, obwohl er den Kurs drei Monate zuvor abgeschlossen hatte. Krish fand das absurd, aber er ließ sich darauf ein. Einem anderen Teilnehmer gefiel das Format des Kurses nicht. Krish war nicht seiner Meinung, aber er nahm die Änderungen vor. Manche Kunden fanden, es sei nicht fair, dass sie nicht so viel Erfolg mit Immobilien hatten wie andere Kunden. Krish sah, dass es daran lag, dass sie sich nicht genug engagierten, aber anstatt ihnen die Wahrheit zu sagen, bot er ihnen zusätzliche Hilfestellungen an.

Sein Unternehmen sah von außen großartig aus, doch Krish fühlte sich miserabel. Er führte sein Unternehmen nicht; seine Angst, Menschen zu verärgern, trieb ihn vor sich her. Er war nicht nur aufmerksam seinen Kunden gegenüber; Krish hatte eine Riesenangst davor, andere zu verärgern. Er gab zu, dass er solche Angst davor hatte, andere Menschen zu enttäuschen, dass er nicht wusste, wie er da noch für sich selbst eintreten konnte. In dem Moment, als Krish eigentlich seine eigenen Grenzen wahren wollte, aber stattdessen anderen nachgab, wurde er innerlich von sich selbst abgespalten.

Um festzustellen, ob Sie sich von sich selbst abspalten, stellen Sie sich folgende Fragen:

- Wenn Sie erschöpft sind, erlauben Sie sich dann, auszuruhen – oder zwingen Sie sich, »durchzuhalten«?
- Wenn Sie eigentlich Nein sagen wollen, wahren Sie Ihre Grenzen – oder entscheiden Sie sich dafür, anderen gefallen zu wollen?
- Wenn Ihre Gefühle verletzt wurden, nehmen Sie sie ernst – oder spielen Sie sie herunter oder ignorieren Sie sie?
- Wenn Sie etwas möchten, um das Sie sich nicht wirklich zu bitten trauen, setzen Sie sich dann für sich selbst ein – oder erwarten Sie, dass andere erraten, was Sie sich wünschen?
- Wenn Sie aufgebracht sind und über etwas reden wollen, gehen Sie Ihrem Drang nach – oder unterdrücken Sie ihn?
- Wenn Sie merken, dass Sie einen Fehler gemacht haben, sprechen Sie sich selbst Trost zu – oder machen Sie Ihren Schmerz noch schlimmer, indem Sie sich Vorwürfe machen?

Wenn Sie Letzteres tun, spalten Sie sich in zwei Teile. Ein Teil Ihrer Energie will in die eine Richtung gehen (z. B. mehr Erholungspausen, Authentizität, Grenzen wahren), während der andere Teil Ihrer Energie sich auf gegenteilige Weise verhält (z. B. sich überanstrengen, Leuten gefallen wollen, zu viel geben). Wenn Sie Ihre Energie permanent aufspalten, werden Sie damit Ihre Energie schwächen, denn Ihrem Verhalten fehlt die Übereinstimmung mit Ihren Emotionen. Wenn diese Selbstspaltung lange genug anhält, ist die Kraft Ihrer Energie irgendwann endgültig erschöpft.

Solange wir die Prinzipien der Neuroenergetik nicht verstehen und nicht wissen, wie wir unser emotionales Leben wirkungsvoll steuern können, passiert diese Selbstspaltung größtenteils außerhalb unserer bewussten Wahrnehmung. Wir wissen, wir fühlen uns schlecht, aber wir haben keine Ahnung, wo die eigentliche Quelle dieses schlechten Gefühls liegt. Reflexartig denken wir, es müsse etwas sein, was in unserer externen Welt passiert ist oder eben nicht passiert ist, aber im Grunde geht es um unsere Beziehung zu unserem eigenen Nervensystem – darum, wohin wir uns entwickeln, in der Kluft zwischen dem, was wir haben, und dem, was wir wollen.

Wie wir bereits sagten, stehen uns *eine Menge* Wörter zur Verfügung, um negative emotionale Zustände zu beschreiben. *Angst* und *Zorn* sind nur zwei Beispiele von vielen und eine schnelle Suche ergibt 49 Synonyme für *ängstlich* und 52 für *zornig*.

Doch egal welche Wörter Sie verwenden, um Ihre schlechten Gefühle zu beschreiben: Ihr Gehirn behandelt sie alle in etwa auf dieselbe Weise. Es aktiviert ähnliche neurale Schaltkreise, egal ob Sie sagen, Sie fühlen sich ängstlich, verärgert, zornig, unsicher, gestresst, überfordert oder Hunderte andere Varianten.

Die folgende Liste wird Ihnen helfen, emotionalen Schmerz zu erkennen. Gehen Sie die Liste durch und finden Sie die Gefühle, die Sie empfinden oder vermeiden wollen. Diese Liste erhebt keinen Anspruch auf Vollständigkeit, wenn Sie also noch andere Wörter haben, die Ihnen besonders wichtig sind, schreiben Sie sie ruhig noch dazu.

WÖRTERLISTE

Ängstlich
Auf glühenden Kohlen
Aufgebracht
Aufgewühlt
Bekümmert
Besorgt
Bestürzt
Beunruhigt
Bloßgestellt
Böse auf jemanden
Deprimiert
Eifersüchtig
Frustriert
Gehetzt
Genervt
Gereizt
Irritiert
Mit einem unguten Gefühl
Neidisch
Nervös
Peinlich berührt
Provoziert
Rasend
Sauer
____
Schweißperlen auf der Stirn
Sorgenschwer
Übel
Überfordert
Verärgert
Verletzt
Verzweifelt
Voller Angst
Voller Furcht
Wütend
Zornig
____

Genau diese Gefühle von emotionalem Schmerz – diese neurologischen negativen Energieblitze – sind ganz allein verantwortlich für sämtlichen Stress und Widerstand in Ihrem Leben. Wenn Ihnen zum Beispiel das allerwichtigste Meeting Ihres Lebens bevorstünde, aber Sie wären überhaupt nicht nervös, dann hätten Sie kein Problem. Und wenn Sie in dem Meeting spektakulär versagen würden – wenn es so schlimm wäre, dass die Leute noch tagelang darüber lachen und reden würden –, aber Sie sich nicht erniedrigt fühlen würden, dann hätten Sie kein Problem. Wenn Sie dann ein Gespräch mit Ihrem Chef hätten, der Ihre komplette Kompetenz infrage stellt, Ihnen das aber gar nicht peinlich wäre und es Ihnen auch nichts ausmachen würde, dann hätten Sie kein Problem. Und wenn all dies darin gipfeln würde, dass Sie gefeuert werden, Sie das aber gar nicht kümmern würde, dann hätten Sie kein Problem.

Solange Sie kein schlechtes Gefühl haben, haben Sie kein Problem.

Die Bedeutung, die Sie Ihrem Leben verleihen, entsteht aus der Energie Ihrer Emotionen. Forschungen der Neurowissenschaften zeigen, dass Emotionen die externe Welt in innere Bedeutung überführen. Emotion formt auch das Denken.[7] Ohne Emotionen können wir nicht aufmerksam sein, uns nichts vorstellen, nichts erschaffen und keine Entscheidungen treffen.

Früher hielt die Wissenschaft Emotionen für automatische, unkontrollierbare Reaktionen – Erlebnisse, die wir einfach aushalten mussten, bis sie aus irgendeinem Grund nachließen. Aber die Wissenschaft hat sich, wie alles andere auch, weiterentwickelt. Heute zeigen uns aussagekräftige wissenschaftliche Forschungen, dass wir keine Opfer unserer schlechten Gefühle sind, die eine hämmernde Emotion ergeben durchstehen müssen, bis das Elend ein Ende hat.[8] Nein. Wir arbeiten eng mit unserer formbaren emotionalen Energie zusammen – einer Energie, die irgendwie sehr stark zu uns gehört, uns aber andererseits auch nicht gehört. Wir wissen alle, dass wir unsere Emotionen nicht bis ins Letzte kontrollieren können, aber wenn wir verstehen, wie wir mit dieser Energie arbeiten können – anstatt nur passive Empfänger dieser Energie zu sein –, dann haben wir Teil an unserem eigenen emotionalen Aufstieg.

Finden Sie heraus, was Sie mit Ihren negativen Gefühlen anfangen können, und Sie haben eine fundamentale Kraft in Händen.[9] So vieles von dem, was sich früher zu beängstigend anfühlte, zu nervig oder zu einschüchternd, ist jetzt einfach kein Hindernis mehr für das Leben, das Sie gerne führen wollen. Außerdem, wenn Sie herausfinden, wie man die Energie von Schmerz in Kraft umwandelt, werden Sie auch zum Rollenvorbild für die Menschen, die Sie führen.

Ich kann verstehen, dass Schmerz zunächst ein schwieriges Thema zu sein scheint. Aber ich bin sicher, dass Sie bald erkennen werden, dass Ihr Schmerz kein Vorbote Ihres Untergangs ist. Ganz im Gegenteil. Ihre schwierigen Gefühle sind heilige Botschafter, die Ihnen auf zutiefst intelligente Weise den Weg dorthin weisen, wo Sie wirklich hinwollen. In diesem Buch zeige ich Ihnen klar und deutlich, Schritt für Schritt, wie Sie auf sanfte, aber wirkungsvolle Weise mit einer ganzen Reihe Ihrer negativen Gefühle arbeiten und Ihren Schmerz zu Ihrer Energie machen können.

Definition »Emotionale Energie«

Wenn emotionaler Schmerz Selbstspaltung ist, was ist dann emotionale Energie?

Ganzheit.

Wie stark Ihre emotionale Energie ist, hängt davon ab, wie sehr Sie ganz bleiben, und Ihre Ganzheit hängt davon ab, wie sehr Sie sich weigern, sich von sich selbst abzuspalten. Das Maß, in dem Sie sich weigern, Ihre authentischen Emotionen zu leugnen, ist das deutlichste Maß Ihrer emotionalen Energie. Anders ausgedrückt, Ihre Bereitschaft, mit Ihren negativen Emotionen zu arbeiten, ist ein starkes Zeichen dafür, dass Sie an Ihre Ganzheit glauben – dass *alles an Ihnen* dazugehört, auch die Teile, die herausfordernd oder unbequem sind.

Wenn Schmerz der Widerstand ist, der Sie davon abhält, das zu erreichen, wonach Sie streben, dann ist Energie die Kraft, die es Ihnen möglich macht, das zu erreichen, wonach Sie streben. Beispiele von Situationen, in denen diese Energie auftritt, sind:

- Wenn Sie sich zu Wort melden, auch wenn es schwerfällt.
- Wenn Sie bei Ihrer Meinung bleiben, auch wenn andere anderer Meinung sind.
- Wenn Sie an sich glauben, auch wenn Sie einen Fehler machen.
- Wenn Sie Ihre Ziele weiterverfolgen, auch wenn andere Ihnen sagen, dass das unvernünftig ist.
- Wenn Sie das tun, wovon Sie glauben, dass es das Richtige ist, auch wenn Sie Angst haben.
- Wenn Sie versuchen, sich selbst zu verstehen, auch wenn andere das nicht tun.
- Wenn Sie daran glauben, dass Sie etwas wert sind, auch in Momenten, in denen Sie keinen klaren Beweis dafür haben.

Immer wenn Sie Ihre Energie nutzen, um einen Job zu verlassen und einen anderen anzunehmen, ein neues Projekt zu starten, Ihre Beziehung zu verbessern oder eine Ihrer guten Ideen weiterzuentwickeln, greifen Sie auf Ihre Macht zurück, in Ihrem Leben einen gewünschten Effekt zu erzielen. Dabei möchte ich klarstellen, dass ich, wenn ich das Wort »Macht« verwende, ausdrücklich nicht von tyrannischem Verhalten spreche, wie Kontrolle oder Manipulation anderer, was oft irrtümlich Macht genannt wird. Manipulation und Kontrolle sind technische Formen von emotionaler *Schwäche*, nicht Macht (mehr dazu siehe Kasten).

Emotionale Energie beziehungsweise Macht ist besonders wichtig in unsicheren Zeiten, weil sie Sie in die Lage versetzt, sich an Ihre Vision zu halten, selbst wenn externe Kräfte Ihnen dies schwer machen. Emotionale Macht bedeutet, dass Sie das, was Sie hätte zerstören können, angepackt haben und zum Beweis Ihrer Ermächtigung gemacht haben.

Anthony zum Beispiel war der Gründer eines sehr erfolgreichen Startups, doch er hatte ähnlich wie Krish die Angewohnheit, Ja zu sagen, wenn er eigentlich Nein meinte. Jedes Mal, wenn Anthony unaufrichtig Ja sagte, fühlte er sich ausgelaugt, weil er sich zu Projekten und Tätigkeiten verpflichtete, die er eigentlich nicht für nützlich oder interessant hielt. Dennoch hatte Anthony den Ruf, in Krisensituationen zu Höchstleistungen fähig zu sein.

Er kam zu mir, weil er sich »nicht mehr lebendig fühlte«. Seine Energie war nicht besonders stark. Als ich ihn fragte, warum er sich immer wieder auf Dinge einließ, die er nicht für sinnvoll hielt, sagte er, es sei seine Aufgabe, »Diving Catches« zu machen.*

---

* Der »Diving Catch« im Baseball ist eine Fangtechnik, mit der man praktisch jeden Ball fängt, indem man danach hechtet und dann auf dem Boden landet. Im Business-Jargon heißt das, ein Unternehmen kann alles händeln und jedes Problem lösen.

Anmerkung zum Wort Macht

Das Wort *Macht* hat oft eine düstere Konnotation. Allzu oft weist es auf traumatisierende Situationen hin, in denen jemand übermäßige Kontrolle, Zurückweisung oder Missbrauch ausübt, und wir halten dies für eine Form von *Macht*. Ist es aber nicht. Das ist *Machtmissbrauch*. Es ist wichtig, hier ganz klar zu unterscheiden: Machtmissbrauch macht einen Anführer überhaupt nicht mächtig. Im Gegenteil, dieses Verhalten ist ein Zeichen für Schwäche.

Wenn jemand seine höhere Position dafür ausnutzt, um andere zu zwingen, sich auf bestimmte Weise zu verhalten, ist die präzisere Bezeichnung für dieses Verhalten *Manipulation* oder *Zwang*. Er zeigt damit das genaue Gegenteil von Macht. Der Grund, aus dem jemand andere zwingen, einschüchtern, austricksen oder bestehlen muss, ist, dass er unfähig ist, etwas selbst zu tun, oder unfähig, andere dazu zu inspirieren, dass sie seiner Führung folgen *wollen*.

Wenn Führungspersonen aus einer Position der emotionalen Machtlosigkeit heraus führen – wenn sie Angst verbreiten und Kontrolle ausüben –, spüren die anderen um sie herum diese emotionale Energie. Führungspersonen bestimmen den energetischen Tonfall für ihr Team. Auch wenn es möglich ist, Menschen durch Einschüchterung *über kurze Zeit* zur Loyalität zu zwingen, zeigen psychologische Forschungen deutlich, dass diese Art strafender Energien langfristig nicht die erwünschten Ergebnisse erzielt. Die wirklich einflussreichen Führungspersönlichkeiten auf der Welt verlangen von anderen nicht, dass diese deren Führungsmacht anerkennen. Ganz im Gegenteil: Sie sind es, die anderen helfen, zu ihrer eigenen Stärke zu finden. Es sind diese ermächtigten Führungspersonen – nicht die kontrollierenden –, die die Entwicklung ihres Teams, ihrer Organisation, ihrer Familien und ihre eigene Entwicklung vorantreiben.

Ein Mensch kann nicht gegen seine eigene Energie arbeiten und dann erwarten, dass diese Energie zunimmt. Man kann nicht die eigenen Verletzungen verleugnen und dann erwarten, dass man resilienter wird. Man kann nicht seine eigene Erschöpfung ignorieren und dabei lebendig bleiben. Erst als Anthony anfing, seine eigenen Grenzen zu respektieren – indem er den Leuten ruhig erklärte, dass er nicht jedes Problem lösen könne, und auf die Kompetenz seines Teams vertraute –, begann er auch, sich mehr wie eine Führungskraft zu fühlen, und weniger wie ein Universalspieler, der überall einspringt.

Ich möchte auch, dass Sie emotionale Energie noch auf eine andere Weise verstehen. Ein anderes Wort, um emotionale Energie zu beschreiben, ist *Wertigkeit*. Wertigkeit bedeutet, dass Sie an Ihre ureigene Ganzheit glauben – dass *alles* an Ihnen dazugehört und dass *alles* an Ihnen wertvoll ist. Nicht nur der fröhliche Teil, nicht nur der kluge Teil, nicht nur der gut aussehende oder fleißige Teil. *Alle Teile gehören dazu.*

Neurowissenschaftlich gesprochen werden die Empfindungen, die wir als emotionale Energie bezeichnen, in den Teilen des Gehirns erzeugt, die als »kortikale Mittellinienstrukturen« bezeichnet werden. Zu den kortikalen Mittellinienstrukturen gehören Teile des Gehirns wie der posteriore Gyrus cinguli im Kortex, der Precuneus, der anteriore Gyrus cinguli im Kortex und verschiedene präfrontale Regionen. Bei Gefühlen des Selbstwerts – Selbstvertrauen, Selbstachtung und Selbstsicherheit – wurde eine erhöhte Hirnaktivität in diesen Bereichen nachgewiesen.[10]

Das Bedürfnis nach Wertigkeit ist universell, denn es ist das Bedürfnis, aus dem alle anderen Bedürfnisse entspringen. Sie werden nie in der Lage sein, die nötige emotionale Energie aufzubringen, um sich frei zu äußern, auszuruhen, wenn Sie müde sind, Wohlstand zu akzeptieren, Respekt einzufordern oder Freundlichkeit anzunehmen, wenn Sie nicht zuerst glauben, dass Sie all das wert sind. Je größer Ihr Gefühl von Wertigkeit ist, desto stärker ist Ihre emotionale Energie.

Zwei Energien, die zusammengehören

An diesem Punkt wirken emotionaler Schmerz und emotionale Energie wie Gegensätze auf Sie, aber ganz so einfach ist es nicht. Diese beiden Energien sind untrennbar miteinander verbunden, wie die zwei Seiten einer Münze. Es gibt das eine nicht ohne das andere und man kann nicht eines von beiden bevorzugen. Man muss beide verstehen und annehmen, um wachsen zu können.

Emotionen sind, auf ihre neurophysiologische Funktionsweise reduziert, nichts als Interaktionen zwischen elektrischer und chemischer Energie, die im Körper als Empfindungen wahrgenommen werden. Ob man Angst hat, zuversichtlich ist, ruhig oder erschöpft, all das sind Empfindungen neuroenergetischer Vorgänge, Energieströme im Gehirn. Komischerweise ist man am stärksten, wenn man seine Schmerz-Energie für sich arbeiten lässt. Genau wie ein Jumbojet mehr Schub hat, wenn er mit allen vier Motoren fliegt, anstatt nur mit einem, hat man mehr Energie, wenn man *all* seine Energien nutzt, sogar die schmerzlichen.

Ich weiß, es ist leicht, Schmerz als den Vorboten des Untergangs zu sehen, etwas, dem man sofort aus dem Weg gehen muss. Aber der Schmerz ist eben gerade der Weg zu Ihrer Energie. Er sagt Ihnen genau, was Sie brauchen, um sich in dieser Minute wieder mehr als Ganzes zu fühlen. Zum Beispiel:

- Wenn Sie sich *erschöpft* fühlen, signalisiert Ihnen diese Energie, dass Sie sich ausruhen wollen.
- Wenn Sie sich *verraten* fühlen, signalisiert Ihnen diese Energie, dass Sie Loyalität wollen.
- Wenn Sie sich *zurückgewiesen* fühlen, signalisiert Ihnen diese Energie, dass Sie Verbundenheit wollen.
- Wenn Sie gerade miterlebt haben, wie jemand eine beeindruckende Tat vollbracht hat, und Sie *neidisch* sind, signalisiert Ihnen diese Energie, dass Sie auch große Dinge tun wollen.
- Wenn Sie den emotionalen Schmerz der *Langeweile* empfinden, signalisiert Ihnen diese Energie, dass Sie mehr Vitalität wollen.

Beachten Sie, dass Ihr emotionaler Schmerz – Erschöpfung, Frustration, Verrat und so weiter – Ihnen den Weg zu mehr Ermächtigung zeigt. Er sagt Ihnen, was Sie *wirklich* wollen. Ihr Schmerz selbst ist der Beweis, dass eine größere Energie auf Sie wartet. Genau wie man das Licht nicht kennen kann, wenn man das Dunkel nicht kennt, fühlt man den Schmerz nur, *weil* man sich an die eigene Energie erinnert. Zum Beispiel spürt man das Joch der Langeweile nur, weil man weiß, man ist für die Energie der Vitalität gemacht. Man spürt den Stachel der Zurückweisung nur deswegen so schmerzlich, weil man weiß, man sollte eine starke Verbundenheit haben. Wenn es nicht jenen Teil von Ihnen gäbe, der sich an Ihre kühnsten Visionen, schönsten Träume und größten Hoffnungen erinnert, wäre es unmöglich, dass Sie die Abwesenheit dieser Dinge schmerzt. Sie wissen bereits, dass Sie sich zu Wort melden wollen; Sie wissen bereits, dass Ihre Visionen einen Ausdruck finden sollen; Sie wissen bereits, dass da mehr auf Sie wartet. Und dieses Wissen – der Widerspruch zwischen dem, wo Sie stehen, und dem, was Sie wirklich wollen – ruft Sie nach Hause.

Ein sehr großer Teil des emotionalen Schmerzes kommt von den Dingen, die man tun, um sich ständig zu beweisen, dass man etwas wert ist. Arbeiten Sie oft zu viel, denken zu viel, geben zu viel, engagieren sich zu viel, kommunizieren zu viel? Wenn Sie jemals eine dieser schmerzlichen Verhaltensweisen an den Tag gelegt haben, war der *einzige* Grund dafür, dass Sie glaubten, Ihr Wert hänge davon ab. Alles auf dieser Liste ist ein Sicherheitsverhalten mit dem Zweck – so ironisch das klingt –, Sie vor Schmerz zu bewahren. Nehmen wir das Beispiel zu viel arbeiten. Niemals in der Geschichte der Menschheit hat irgendjemand gesagt: »Ich bin erschöpft, aber weißt du, was mir jetzt wirklich guttun würde? Noch mal fünf Stunden E-Mails bearbeiten.« Und doch arbeite ich oft mit außergewöhnlich fähigen Führungskräften zusammen, die sich nicht ausruhen wollen, auch wenn sie es absolut müssen – nicht, weil sie es nicht wollen, sondern weil sie einen Horror davor haben. (Mehr über zu viel arbeiten, zu viel geben, zu viel tun und so weiter folgt im nächsten Kapitel.)

In diesem gesamten Buch werde ich über Energie sprechen – wie Sie Ihre Energie wieder aufbauen, wie Sie sie erhöhen, wie Sie sie umwandeln und so weiter. Dabei ist es wichtig, sich unsere Definition von Energie vor Augen zu halten, nämlich die starke, positive Kraft Ihres Selbstwertes – Ihre Ganzheit. Sie ist die Lebendigkeit, die sich einstellt, wenn Sie *all* Ihre Energie zulassen, anstatt die ganze Kraft dessen versickern zu lassen, was Sie bereits sind. Wenn Sie Ihre Ganzheit in Anspruch nehmen, werden Sie zum lebenden Beispiel, das anderen zeigt, wie sie ebenfalls die volle Energie ihres Leben in Anspruch nehmen können.

Schmerz, Energie und andere Menschen

Wenn wir über emotionalen Schmerz und emotionale Energie sprechen, werden Sie bemerken, dass diese Energien sich zumeist auf Sie selbst fokussieren, auf das Individuum. Aber was ist mit den Menschen um Sie herum? Als Führungskraft – als Vorgesetzter, Unternehmer, Elternteil, Partner, Pädagoge oder Autor – hat man da nicht die starke Verantwortung, Empathie, Inklusion, Authentizität, Transparenz und andere wirkungsvolle Energien an die Menschen zu verbreiten, die von Ihnen abhängig sind?

Natürlich haben Sie das. Aber dieses Buch richtet sich ganz bewusst zuerst an Sie. Sie können anderen bei ihren negativen Gefühlen nicht wirkungsvoll helfen, bevor Sie selbst wissen, was Sie mit Ihren eigenen tun können.

- Wie können Sie Empathie für den Schmerz anderer empfinden, wenn Sie Ihren eigenen Schmerz ignorieren?
- Wie können Sie glaubwürdig Menschen integrieren, wenn Sie selbst nicht einmal das Gefühl haben, dazuzugehören?
- Wie können Sie aufrichtig sein, wenn es noch immer Teile in Ihnen gibt, die Sie verleugnen?

- Wie können Sie den Schmerz anderer wahrnehmen, wenn Sie nicht einmal Ihren eigenen Schmerz wahrnehmen?
- Wie können Sie mit anderen geduldig sein, wenn Sie sich selbst von der Hektik Ihres eigenen Lebens überrollt fühlen?

Man kann nicht geben, was man nicht hat.

Wir werden über andere Menschen eher im zweiten Teil des Buches sprechen, aber für den Moment sollten Sie verstehen, dass Menschen von Ihnen freundlich, fair und aufrichtig behandelt werden wollen, weil Ihr Führungsstil deren emotionale Energie beeinflusst – den Glauben an ihre eigene Wertigkeit. Wenn Sie Ihre Leute so behandeln, dass es sie an ihre Ganzheitlichkeit erinnert, erinnern Sie sie an ihre Energie.

Mit diesem Verständnis von emotionalem Schmerz und emotionaler Energie sind Sie bereit, die neuroenergetischen Codes zu lernen, die Ihnen helfen werden, sich zu neuen Höhen der Ermächtigung aufzuschwingen. Eines sollten Sie wissen: Ihre emotionale Energie ist hier, um für Sie zu arbeiten. Ihre Arbeit besteht darin, mit dieser Energie zusammenzuarbeiten. Der Rest des Buches bietet Ihnen durch die acht neuroenergetischen Codes ein klares System, mit dem Sie zu einer stärkeren emotionalen Energie kommen.

Code 1: Erweitern Sie Ihre emotionale Stärke

Wie Sie Ihren emotionalen Schmerz in emotionale Stärke umwandeln können

Wenn Sie Ihre negativen Gefühle bis jetzt umgangen haben, dann heißt das absolut nicht, dass Sie schwach sind. Es bedeutet, dass Ihr Gehirn hervorragend funktioniert. Genau wie wenn der Arzt mit dem Gummihammer auf Ihr Knie klopft und das Bein reflexartig nach oben geht, so vermeidet Ihr Gehirn reflexartig jeden Schmerz, der es stört. Natürlich ist diese reflexartige Reaktion auf Schmerz für uns vorteilhaft, denn sie erlaubt uns, in einer Welt voller Gefahren zu überleben, oft ohne dass wir groß nachdenken müssen.

Aber es ist ein galaktischer Unterschied, ob man nur überlebt oder ob man sich entfaltet. Der neuroenergetische Code 1 zeigt Ihnen, wie Sie die automatische Schmerzvermeidungsreaktion Ihres Gehirns überwinden können, indem Sie die Gefühle von Stress und Angst nutzen, um Ihre emotionale Stärke massiv zu steigern.

Sie werden anfangs vielleicht denken, es hört sich ziemlich übel an, mit schmerzlichen Gefühlen zu arbeiten. Schließlich ist Schmerz der Notfallruf Ihres Gehirns – die neurologische Empfindung, die Sie durch eine Reaktion so schnell wie möglich aus einer Situation herausbringen soll. Ich kann Ihnen jedoch versichern, dass das Arbeiten mit negativen Gefühlen, wenn Sie es richtig machen, Ihnen die Möglichkeit bietet, Ihr Leben zu verändern. Ich kann das so sicher sagen, weil ich seit vielen Jahren mit Menschen gearbeitet habe, die sich aus den Tiefen ihrer Verzweiflung befreit haben, indem sie eine neue Beziehung zu Gefühlen entwickelt haben, von denen sie zuvor geschworen hatten, dass sie sie gar nicht empfinden.

Ich weiß auch, dass es eine neurobiologische Tatsache ist. Die effektivsten Verhaltensänderungen, die wissenschaftlich belegt sind, beruhen im Wesentlichen darauf, dass die Menschen ihre Beziehung zu den Gefühlen, die sie bisher vermieden haben, verändern.[11]

Manche Formen der Vermeidung sind Ihnen bereits sonnenklar. Zum Beispiel, wenn Sie sich die Hand auf einer heißen Herdplatte verbrennen, werden Sie sofort – ohne jeden bewussten Gedanken – die Hand wegziehen, um weiteren Schmerz zu vermeiden. Das Gleiche gilt für Fälle von traumatischem emotionalem Schmerz. Stellen Sie sich vor, Sie hätten einen furchtbaren Autounfall auf einer Brücke gehabt, durch den Sie emotional traumatisiert sind. Höchstwahrscheinlich würde Ihr Gehirn Sie überzeugen, diese Brücke in Zukunft zu meiden: Sie könnten eine andere Strecke fahren, die Fahrt komplett sein lassen oder jemand anderen bitten zu fahren.

Diese Beispiele von der Brücke oder der Verbrennung stimmen zwar, sind aber zu billig. Einfach nur diese offensichtlichen Manifestationen von Schmerz zu verstehen, genügt nicht, wenn Sie Ihre emotionale Stärke vollständig entfalten wollen.

Wenden wir uns stattdessen weniger offensichtlichen Formen von Schmerzvermeidung zu. Markieren Sie sich diejenigen, die Ihnen bekannt vorkommen:

- Sie möchten jemandem sagen, was Sie wirklich empfinden, aber Sie haben zu viel *Angst* davor, also *lassen* Sie es lieber.
- Sie sind ganz begeistert davon, ein neues Produkt auf den Markt zu bringen, aber wenn es keiner kauft, ist das für Sie *peinlich*, also *lassen* Sie es lieber.
- Sie wollten ein neues kreatives Projekt angehen, wie einen Podcast oder ein Buch, aber Sie sind sich *unsicher*, was andere davon halten könnten, also *lassen* Sie es lieber *sein*.
- Sie haben Ärger mit einem Ihrer Mitarbeiter, der ständig Fehler macht, aber Sie sind zu *frustriert*, um ruhig darüber zu sprechen, und Sie haben *Angst* vor seiner Reaktion auf Ihre Kritik, also *lassen* Sie es lieber *sein*.
- Fügen Sie hier Ihr eigenes Beispiel ein: ______________________
____

In all diesen Beispielen versucht Ihr Gehirn, Schmerz zu vermeiden, indem Sie die Situation vermeiden.

Diese Art von Schmerzvermeidung ist jedoch trügerisch, denn der volle Umfang Ihres Führungsstils – wie viel Energie Sie ausstrahlen und die Reichweite Ihrer Visionen – wird nicht von Ihnen bestimmt; sondern er zeigt sich gerade in schwierigen Gesprächen, peinlichen Situationen und im Umgang mit schwierigen Menschen.

Denken Sie an die Punkte, die Sie gerade markiert haben. Ich möchte Ihnen zeigen, dass die Vermeidung Sie von einer ungeheuren Menge ungenutzter Energie abschneidet, die in Ihnen schlummert. Zum Beispiel, wenn Sie einen Podcast machen wollen, aber der Stress durch das mögliche Urteil anderer Sie davon abhält, dann bleibt die ganze Energie dieser Kreativität in Ihnen verschlossen, und zwar so lange, wie Sie den Ausdruck Ihrer Kreativität unterdrücken. Um zu erkennen, wie viel von Ihrer Energie durch emotionalen Schmerz zurückgehalten wird, beantworten Sie den dreiteiligen Fragebogen auf den nächsten Seiten und markieren Sie alle Aussagen, die für Sie zutreffen.

1. Verwenden Sie jeden Tag Zeit darauf,
   - sich *Sorgen zu machen*, was andere über Sie denken?
   - sich darüber zu *ärgern*, was die Leute alles von Ihnen fordern?
   - *Angst* zu haben, dass Sie etwas falsch gemacht haben?
   - sich *nicht zu trauen*, etwas zu sagen, obwohl Sie es eigentlich sagen wollen?
   - *in Panik* zu geraten, weil Sie nie genug Zeit haben?
   - *Angst* zu haben, dass Sie die Erwartungen anderer nicht erfüllen?
   - *gestresst* zu sein, weil Sie andere verärgert haben könnten?
   - *überfordert* zu sein von den Aufgaben, von denen Sie das Gefühl haben, dass Sie sie erledigen müssen?
   - zu *fürchten*, dass man Sie ablehnen würde, wenn Sie Ihr Leben wirklich so leben würden, wie Sie es sich wünschen?

2. Verschlimmern Sie Ihren ursprünglichen Schmerz, weil Ihnen dieser noch weiteren Schmerz zufügt? Sind Sie zum Beispiel
   - *erschöpft* durch die ganzen Sorgen?
   - *ausgelaugt* durch andauerndes Gefälligsein?
   - *frustriert*, weil Sie ständig auf Situationen überreagieren, obwohl Sie genau wissen, dass sie eigentlich keine große Sache sind?
   - *wütend* auf sich selbst, weil es Ihnen so viel ausmacht, was andere denken?
   - *enttäuscht*, weil Sie anderen nicht so sehr vertrauen können, wie Sie es gerne würden?

3. Um sich dann ein Gefühl der Sicherheit und Stabilität zu verschaffen, tun Sie dann auf irgendeine Weise zu viel von etwas? Zum Beispiel
   - *ständiges Grübeln*, um die perfekte Lösung zu finden?
   - *ständiges Analysieren*, um zu verstehen, was andere wirklich über Sie denken?

- *ständiges Checken* der E-Mails, sozialen Medien oder des Telefons, um sicherzugehen, dass Sie nichts verpassen und keinen Fehler machen?
- *übertriebenes Geben*, damit andere Ihnen nicht böse sind?
- *übererfüllen*, um andere nicht zu enttäuschen?
- *ständig zu viel arbeiten*, als Strategie, damit sich nicht zu viel Arbeit anhäuft und Sie die Dinge im Griff behalten?

Paradoxerweise ist dieses »Zuviel« der Versuch Ihres Gehirns, Sie vor Schmerz zu bewahren. Wie etwa Daphne, die aus eigenem Antrieb ständig versucht, anderen zu gefallen, und schon völlig erschöpft ist. »Ich habe schon versucht, mit dem übertriebenen Gefälligsein aufzuhören, weil es mir schlecht geht«, lamentierte sie, »aber ich fühle mich dann immer schuldig und habe Angst, dass die anderen sauer auf mich sind, wenn ich Nein sage.« In diesem Beispiel kann man deutlich erkennen, dass der zentrale Energieimpuls von Daphnes übermäßigem Geben nicht darin liegt, anderen zu helfen; es geht ihr darum, sich vor ihren eigenen schmerzlichen Gefühlen von Schuld, Angst und Sorgen zu schützen. Ihre Strategie des übermäßigen Gebens dient dem Selbstschutz. Der Gedanke dahinter lautet: Wenn sie nur genug gibt, kann sie sich gegen die drohende Verärgerung oder Enttäuschung der anderen schützen.

Ich möchte, dass Sie erkennen, dass ein riesiger energetischer Unterschied besteht zwischen geben und zu viel geben; nachdenken und ständig grübeln; sich engagieren und überengagiert zu sein; arbeiten und sich überarbeiten. Sobald Sie in den »Zuviel«-Modus verfallen, verliert Ihr Gehirn Energie. *Sie* haben die Hinweise Ihres eigenen Gehirns ignoriert, dass Sie zu viel geben, zu viel grübeln, zu viel arbeiten oder zu viel tun. Durch Ihre eigenen Handlungen haben Sie sich innerlich von sich selbst abgespalten und damit in einen Zustand von Schmerz versetzt.

Der Preis, den Sie für das permanente Ignorieren Ihres Schmerzes zahlen, ist das Leben, das Sie eigentlich führen wollen. Solange Sie nicht bereit sind, Ihre wahre Energie zu respektieren, wird Ihr volles Potenzial in Ihnen gefangen bleiben. Meiner Erfahrung nach gibt es keine wertvollere Aufgabe – keinen großartigeren Akt der Selbsthingabe –, als Ihre eigene wahre, ganzheitliche Energie anzusehen.

Die Neurowissenschaften stellen eindeutig klar: Chronische Gefühle von Schmerz rauben Ihnen die Energie. Sie rauben Ihnen Ihr Wohlergehen, Ihre positiven Gedanken und sogar Ihre Lebenserwartung.[12] Wenn es um die Energie Ihrer negativen Emotionen geht, können Sie sich zwischen zwei Wegen entscheiden: Entweder bleiben Sie in der Falle der ewigen Vermeidung sitzen oder Sie arbeiten damit, um Ihre emotionale Stärke auszubauen.

Wenn ich Ihnen nun diese zwei Wege zur Auswahl vorlege, könnten Sie natürlich fragen: »Warum kann ich nicht Option C wählen: Schmerz ganz zu vermeiden, und alles ist weg?«

Weil das nicht möglich ist.

Können Sie mir nicht einfach beibringen, wie ich meinen Schmerz loswerde?

Die Wahrheit ist, Schmerz kann man niemals auslöschen; man kann ihn nur umwandeln. Es gibt keine Energie auf diesem Planeten, die zerstört werden kann. Zum Beispiel, wenn Wasser zu Dampf wird, ist es nicht weg; es ist nur umgewandelt. Weil unsere negativen Emotionen – ziemlich buchstäblich – eine neurobiologische Energie sind, sind sie den Gesetzen der Physik unterworfen. Vielleicht erinnern Sie sich noch aus dem Physikunterricht an etwas namens »Energieerhaltungssatz«, der besagt, dass »Energie weder erzeugt noch vernichtet werden kann«. Doch, so besagt er weiter, auch wenn Energie nicht vernichtet werden kann, kann sie *umgewandelt werden*.

Wenn es möglich wäre, die Energie des Schmerzes in Ihrem Leben zu eliminieren, hätten Sie sie schon vor langer Zeit ausgelöscht. Sie haben einen brillanten Geist, der täglich schwierige Probleme bewältigt. Vielleicht lösen Sie regelmäßig komplizierte Unternehmensprobleme, lösen anstrengende Erziehungsdilemmata oder organisieren komplexe gesellschaftliche Veranstaltungen. Ihr Leben hat Ihnen gezeigt, dass Sie jede Menge herausfordernde Situationen meistern können. Wenn Sie Ihren emotionalen Schmerz hätten beheben können – die dauernden Gefühle von Stress, Angst und Unsicherheit –, dann hätten Sie es bereits getan.

Doch genau wie in dem Kinderspiel »Whac-A-Mole«, bei dem man Maulwürfe zurück in den Boden schlägt, die sofort an anderer Stelle wieder hochkommen, verändern sich zwar die Situationen, aber dieselben schmerzlichen Gefühle kommen immer wieder hoch. Sicher, mancher Schmerz ist flüchtig – wie der Ärger, wenn jemand einem im Straßenverkehr die Vorfahrt nimmt. Aber das ist nicht das, wovon wir hier sprechen. Wir sprechen von den chronischen schlechten Gefühlen, die in Ihrem Leben immer wieder erscheinen – das *permanente* Gestresst-sein, das *andauernde* Genervt-sein oder das *sich ständig wiederholende* Wütendwerden.

Neuroenergetik hilft Ihnen, Ihre negativen Emotionen als Energie zu sehen. Somit besteht Ihre Aufgabe nicht darin, Ihre schmerzlichen Gefühle zu beseitigen, sondern sie umzuwandeln. Diese Verantwortung, den eigenen Schmerz umzuwandeln, ist etwas Großartiges, denn wenn Sie ihn nicht umwandeln, werden Sie ihn an die vielen Menschen weitergeben, die sich nach Ihrer Führung richten. Sie geben Ihren Schmerz weiter an Ihr Team, wenn Sie launisch, frustriert oder kaltherzig handeln. Sie geben Ihren Schmerz weiter an Ihre Kinder und Ihren Partner, wenn Sie unaufmerksam, unempathisch oder ungeduldig sind. Und, was am schlimmsten ist, Sie geben ihn weiter an sich selbst.

Die größte Verletzung, die wir von unserem unverwandelten Schmerz davontragen, ist oft die permanente Verwundung unserer selbst. So wie bei Sheila, einer erfolgreichen Unternehmerin, die zwei Unternehmen im zweistelligen Millionenbereich gründete, eines im Produktbereich und eines in der Beratung. Auf dem Papier hatte Sheila alles. Zwei boomende Unternehmen und drei gesunde kleine Kinder. Aber Sheila war für ihre Mitmenschen kaum zu ertragen. Ihre Mitarbeiter klagten darüber, dass

Sheila so kritisch und launisch war: Der Produktlaunch war nicht gut genug, das neue Branding war nicht gut genug, der Lagerbestand war nicht gut genug. Im Rahmen dieser Energie war ihre Mitarbeiterfluktuation extrem hoch, was Sheilas angstbegründete Stimmungsschwankungen nur noch verschlimmerte.

In meinen Sitzungen mit Sheila räumte sie ein, dass es schwer sei, mit ihr zusammenzuarbeiten, aber sie erklärte: »Egal was die anderen glauben, wie hart ich mit ihnen umgehe, zu mir selbst bin ich noch eine Million Mal schlimmer. Ich bin in einem Zuhause aufgewachsen, in dem Kritisieren die Führungsstrategie war.« Sheila erzählte mir eine Geschichte darüber, als sie einmal die Golfmeisterschaften in ihrem Bundesstaat gewann. »Das Erste, was meine Mutter zu mir sagte, nachdem ich meine Medaille erhalten hatte, war: ›Du hast beim vierten Loch scheiße ausgesehen.‹«

»Wissen Sie, was ich als Erstes dachte, als ich einen siebenstelligen Wert mit meinem Unternehmen erreichte?«, fragte Sheila. »Dass es Mist war, dass es keine acht waren.«

Während wir zusammen daran arbeiteten, erkannte Sheila, wie sich der Schmerz auf natürliche Weise fortsetzt. Sie begann ihre angespannten Beziehungen mit ihrem Team als energetischen Spiegel für ihre strafende Beziehung zu sich selbst zu sehen. Was aus uns herauskommt, beruht auf dem, was zuvor schon in uns ist. Weil Sheila Schmerz empfand, gab sie Schmerz weiter. Für Sheila – wie auch für uns alle – besteht die heilende Arbeit darin, zu unserer emotionalen Energie zurückzufinden, die uns das Gefühl von Ganzheit verleiht.

Erweitern Sie Ihre Toleranzgrenze

Die Toleranzgrenze an emotionaler Energie, die Sie haben, ist die Menge an Energie, die das Nervensystem halten kann, während man noch mit der eigenen Energie verbunden bleibt. Es ist das äußerste Maß an Empfindung, das Sie tolerieren können, bevor das Gehirn ins Ungleichgewicht gerät – bevor das Gehirn durch negative Empfindungen dysreguliert wird und Sie emotional instabil werden. Nun haben Sie einen festen Punkt, der anzeigt, wie viel schmerzliche Energie Sie aushalten können, bevor Sie zu überreizt sind, um kraftvoll zu reagieren. Zum Beispiel glauben Sie vielleicht, es gehe Ihnen absolut gut. Aber dann verlieren Sie plötzlich das emotionale Gleichgewicht, wenn Ihr Partner einen bestimmten Kommentar abgibt, wenn Ihre Mutter in einem bestimmten Tonfall spricht, wenn Ihre Kinder sich auf bestimmte Weise verhalten oder wenn Sie einen bestimmten Kommentar im Internet lesen. In solchen Momenten emotionaler Reaktivität kommt das Gehirn aus dem Gleichgewicht.

Das passiert an jedem zweiten Tag. Das Gehirn ist dann entweder *hypererregt* oder *hypoerregt.* Wenn man hypererregt ist, sind die Empfindungen im Körper zu viel. Sie fühlen sich zu ängstlich, wütend oder überfordert. Das Herz schlägt Ihnen vielleicht bis zum Hals, Ihre Hände schwitzen, Sie werden rot im Gesicht, Ihre Gedanken rasen.

Hypoerregung ist viel weniger bekannt, aber gleichermaßen problematisch. Das ist ein dysregulierter Zustand des autonomen Nervensystems, bei dem der emotionale Zustand *unteraktiviert* ist. Wenn Sie emotional hypoerregt waren, haben Sie sich vielleicht gefühllos, erschöpft, deprimiert, gleichgültig, träge, abwesend oder unbeteiligt gefühlt.

In beiden Zuständen – Hyperrerregung und Hypoerregung – sind Sie von Ihrer emotionalen Energie getrennt und haben keinen Zugang zu der Energie, die es Ihnen ermöglicht, aufmerksam oder kreativ zu sein, sich zu beruhigen und starke Entscheidungen zu treffen.

Der Punkt direkt vor dem Eintritt in einen solchen reaktiven Zustand ist Ihre derzeitige Toleranzgrenze an emotionaler Energie. Praktisch gesagt erklärt das zum Beispiel,

- warum Sie sich selbst in manchen Situationen vertrauen und in manchen nicht,
- warum Sie in bestimmten Rollen aufblühen, in anderen hingegen schrumpfen,

- warum Sie bereit sind, sich in einer E-Mail durchzusetzen, sich jedoch scheuen, dies auch persönlich zu tun,
- warum Sie sich ganz sicher sind, dass Sie eine fantastische Idee haben, bis eine mächtigere Person auch nur den kleinsten Zweifel anmeldet,
- warum Sie ganz ruhig bleiben können, bis jemand genau das Falsche sagt.

Der Versuch, durch Beseitigung dieser emotionalen Toleranzgrenze stärker zu werden, wäre ein falscher Ansatz. Die Gesetze der Physik lassen nicht zu, dass Energie zerstört wird. Wenn Eis zu Wasser schmilzt und Wasser sich in Dampf auflöst, ist nichts davon verloren; es hat sich nur umgewandelt. Wenn sich Eis in Dampf verwandelt, wird es – buchstäblich – energiegeladener und dehnt sich aus. Und genau so werden auch Sie energiegeladener und dehnen sich aus, wenn Sie daran arbeiten, die Energie Ihres Schmerzes umzuwandeln.

Ihr Ziel ist nicht, den Schmerz loszuwerden. Ihr Ziel ist, zu versuchen, Ihre Toleranzgrenze zu erweitern, sodass Sie mehr neurologische Energie aushalten können. Wenn Sie Ihre Toleranzgrenze ausdehnen, wird Ihr Gehirn auch in den Situationen, die bisher eine Hypererregung oder eine Hypoerregung auslösten, konzentriert bleiben. Wenn Sie Ihre emotionale Toleranzgrenze erweitern, sind die Dinge, die Sie verängstigt, gestresst oder überfordert haben, immer noch da; sie bringen Sie nur nicht mehr aus der Fassung. Wenn eine kritische Situation in Ihrem Leben eintritt, haben Sie eigentlich nur zwei Möglichkeiten: fliehen oder sich ihr stellen und stärker zu werden. Dieser neuroenergetische Code wird Ihnen helfen, Letzteres zu tun.

Es gibt zwei Möglichkeiten, wie man seine emotionale Toleranzgrenze ausdehnt:

- Suchen Sie sich einen stärkeren Schmerz.
- Halten Sie Ihre emotionale Erschütterung aus.

Suchen Sie sich einen stärkeren Schmerz

Wenn Sie sich chronisch schlecht fühlen und immer wieder dieselben Probleme haben, ist es sehr wahrscheinlich, dass Sie feststecken, weil Sie die perfekte Lösung suchen. Aber Sie brauchen keine perfekte Lösung; Sie brauchen eine Lösung, die etwas bewirkt.

Perfekte Lösungen gibt es nicht, denn sie basieren auf der totalen Abwesenheit der Energie des Schmerzes, was wissenschaftlich unmöglich ist. Anstatt zu versuchen, Ihren Schmerz auszulöschen, sollten Sie zunächst den Schmerz, den Sie empfinden, genau verstehen und sich dann einen stärkeren Schmerz suchen – einen Schmerz, der Sie letztlich stärker machen wird, weil Sie in der Lage sind, mehr emotionale Energie auszuhalten.

Verwenden wir eine Analogie, die dies verdeutlicht. Wenn Sie versuchen, körperlich stärker zu werden, gehen Sie ins Fitnessstudio und heben schwerere Gewichte. Zu Anfang sind vielleicht 20 Pfund die Grenze dessen, was Sie bequem aushalten können. Aber Sie haben ja das Ziel, stärker zu werden, und Sie wissen, dazu müssen Sie stärkere Gewichte heben. Sagen wir, Sie trainieren lange genug, dass Sie nun 40 Pfund heben können. Sie sind deutlich stärker geworden.

Aber jetzt kommt's: Wenn Sie in der Lage sind, 40 Pfund zu heben, heißt das nicht, dass 20 Pfund nicht mehr existieren. Sie werden immer auch 20 Pfund heben müssen, um 40 zu heben – 20 Pfund sind nun mal ein Teil der 40 Pfund. Die 20 Pfund sind nicht leichter geworden, sondern Sie sind stärker geworden.

Um zu verstehen, wie das auf das emotionale Leben zu übertragen ist, wenden wir die Logik des stärkeren Schmerzes einmal auf das Zusammenleben mit Ihrem Partner an.

Stellen wir uns vor, Ihr Partner regt Sie auf, weil Sie das Gefühl haben, sich exzessiv um ihn kümmern zu müssen – Sie machen seine Wäsche, kochen sein Essen, kaufen ein, kümmern sich um die Kinder, bezahlen alle Rechnungen und erinnern ihn sogar noch an seine eigenen

Termine. Sie kommen sich eher vor wie ein Elternteil als wie ein Partner. Sie übernehmen weiterhin diese Arbeiten für ihn, während Sie hoffen, dass er sich ändert. Vielleicht haben Sie schon viele Gespräche mit ihm darüber geführt, dass sein Verhalten Sie stört; vielleicht sind Sie traurig geworden, um ihm zu zeigen, wie sehr sein Verhalten Sie verletzt; vielleicht haben Sie spitze Bemerkungen gemacht, in der Hoffnung, dass dies *sein* Verhalten ändern wird, um Sie von *Ihren* schmerzlichen Gefühlen zu befreien. Wenn Sie ihn ändern könnten, wäre das Ihre perfekte Lösung. Aber wie sagt man so schön: »Die Ziege wünscht sich einen langen Schwanz.« Bekommen tut sie ihn dadurch nicht.

Sie können nun beschließen, dass es Zeit ist, sich einen stärkeren Schmerz zu suchen: Sie sind nicht mehr bereit, weiterhin so viel für Ihren Partner zu tun, weil Sie merken, dass Ihre Selbstachtung darunter leidet. Sie wissen aber, wenn Sie das tun, werden Sie sich den bedrohlichen Emotionen Ihres Partners stellen müssen. Wahrscheinlich wird er wütend auf Sie sein. Er ist vielleicht auch verletzt und fragt Sie, warum Sie sich nicht mehr um ihn kümmern. Er könnte anfangen, auf passiv-aggressive Weise zu reagieren. Vielleicht wird auch Ihre schlimmste Befürchtung wahr und Ihre neuen Grenzen führen zur Beendigung der Beziehung.

Mir ist klar, dass sich das vielleicht entsetzlich anhört. Aber keine Panik. Wenn man sich klar wird, dass es absolut kein Szenario gibt, in dem man auf magische Weise jeden Schmerz umgehen kann, ist das wirklich klärend und beruhigend. Stellen Sie sich nun eine starke Frage: *Welchen Schmerz wähle ich?* Wähle ich den Schmerz, der davon kommt, dass ich mich nicht respektiert fühle, nicht wertgeschätzt und wie ein Elternteil? Oder wähle ich den Schmerz, der wahrscheinlich eintreten wird, wenn ich versuche, zu wachsen und eine Beziehung mit mehr Selbstachtung, Partnerschaft und Intimität zu erreichen?

Das sind keine leeren, moralistischen Fragen – keine rhetorischen Fragen, bei denen sich die Antwort von selbst ergibt. Diese Fragen sind gerade deshalb so wirkungsvoll, weil sie Ihnen die Wahrheit Ihres Lebens vor Augen halten, und die lautet:

In einem Leben, in dem es keine schmerzfreie Option gibt, welchen Schmerz wähle ich da für mich? Auf diese Stufe der Aufrichtigkeit zu kommen, ist ein gewaltiger Schritt.

Im ersten Szenario mit der Partnerschaft kennen Sie bereits den Schmerz, der von Ihrer aktuellen Situation ausgeht, einfach weil Sie ihn schon eine Zeitlang ertragen. Es ist vollkommen in Ordnung, in dieser Version einer Beziehung zu bleiben, wenn dieser Schmerz für Sie wirklich akzeptabel ist. Aber wenn Sie sich danach sehnen, Ihre Toleranzgrenze auszudehnen – sich dem natürlichen und stressenden Widerstand zu stellen, der mit Veränderung einhergeht –, dann haben Sie die Chance auf die Beziehung, von der Sie immer geträumt haben. Vielleicht mit Ihrem derzeitigen Partner, vielleicht auch mit einem neuen, aber vor allem mit sich selbst. Mit dieser Veränderung geht, wie bei jeder Veränderung, der Schmerz des Unbekannten einher.

Bitte beachten Sie, dass Sie im Beispiel mit dem Gewichtheben nicht an einem Tag 20 Pfund heben und 40 am nächsten Tag. Man geht diese Veränderungen ganz allmählich an. Auf das Beispiel mit der Partnerschaft angewandt, heißt das, Sie müssen nicht sofort aus der Beziehung heraus. Vielleicht beginnen Sie einfach damit, dass Sie Ihren Partner nicht mehr an seine persönlichen Termine erinnern, und halten dieses Verhalten ein, bis Sie merken, dass Ihre Toleranzgrenze sich erweitert hat. Dass sich Ihre Toleranzgrenze erweitert hat und Sie mehr Energie aushalten können, merken Sie daran, dass Sie keine Angst, Befürchtungen oder Sorgen mehr empfinden, wenn Sie ihn nicht an seine Termine erinnern. Ihr Gehirn *wird* sich – genau wie Ihre Muskeln – daran anpassen, dieses neue »Energiegewicht« auszuhalten. Als Nächstes nehmen Sie sich das Thema Rechnungen vor und wiederholen denselben Prozess. Dann die Kinder, das Kochen, und so weiter.

In jeder Phase haben *Sie* die Macht, zu bewerten, wie die Situation für Sie funktioniert. Fühlen *Sie* sich ausreichend respektiert? Wünschen *Sie* sich noch mehr Veränderung? Wenn ja, welche? Manchmal weigern sich die Menschen um uns herum jedoch, sich zu verändern. Immerhin haben Sie jetzt neue Informationen über die alten Muster, *die Ihnen bereits Schmerz verursacht haben.* Vielleicht wird Ihnen jetzt klar, dass Sie sich eigentlich ganz wohl dabei fühlen, Ihren Partner so zu umsorgen, wie Sie das bisher getan haben – und jetzt, ausgestattet mit dieser neuen Perspektive, umsorgen Sie Ihren Partner gerne und aus eigenem Antrieb, anstatt widerwillig. Großartig.

Oder Ihnen wird klar, dass Sie keine bedeutsame intime Beziehung mit jemandem haben können, wenn Sie sich nicht selbst respektieren, und Sie beschließen am Ende, eine Paartherapie zu beginnen oder sogar die Beziehung zu verlassen.

Doch egal wozu Sie sich entscheiden, es ist tröstlich zu wissen, dass es nur einen wirklichen Fehler gibt, wenn Sie Ihr Leben mit emotionaler Energie steuern wollen: *weiterhin dasselbe zu tun, von dem Sie wissen, dass es Ihnen Schmerz zufügt, und dann zu erwarten, dass etwas anderes herauskommt.* Ihre emotionale Energie wird genau dort erweitert, wo die Toleranzgrenze Ihres alten Verhaltens liegt.

Megs Geschichte

Ich arbeitete mit Meg, eine VP (Vice President) eines global agierenden Multimilliarden-Dollar-Unternehmens und die jüngste Person, die jemals diese Position innehatte. Sie war dazu vorgesehen, bald die nächste CHRO (Chief Human Resource Officer) zu werden. Sie schrieb einen Großteil ihres kometenhaften Aufstiegs ihrem »konsensbasierten Führungsstil« zu. Auch wenn das bis zu einem gewissen Grad richtig war, wurde Meg irgendwann klar, dass »Konsens« oft nur ein anderes Wort für »anderen gefallen wollen« war.

Wenn die Teilnahme an einem Meeting freiwillig war, war Meg da. Wenn man ihr eine E-Mail um Mitternacht sandte, war Megs Antwort da, bevor man morgens aufwachte. Wenn der CHRO einen Bericht bis Freitag wollte, lieferte Meg ihn am Dienstag ab. »Wenn mir noch einmal jemand sagt, wie schnell ich immer reagiere, flippe ich aus«, verriet sie mir.

Auch wenn sie ehrlich sagen konnte, dass ihr Erfolg auf ihrem scharfen Verstand und ihrer reichhaltigen Erfahrung beruhte, *hatte sie das Gefühl*, dass ihr weiterer Erfolg davon abhing, inwieweit sie bereit war, »niemanden zu enttäuschen«. Sie sagte, sie habe schon immer versucht, es allen recht zu machen, so lange sie denken konnte. Mit anderen Worten, die schiere Energie, die sie für das »anderen gefallen Wollen« aufwenden musste, erzeugte bei ihr eine Tonne Schmerz. Jedes Mal, wenn sie zu viel gab, zu viel erklärte oder Forderungen übererfüllte, fühlte Meg, wie ihre Energie absackte. Je mehr sie das tat, desto erschöpfter, gestresster und wütender wurde sie. Am Ende hatte sie ihre emotionale Toleranzgrenze erreicht und fühlte sich oft hypoerregt – vollkommen leer und ohne jede Emotion für ein Leben, das sie einmal geliebt hatte.

Als wir zusammenarbeiteten, beschlossen wir, ihr zu helfen, ihre Toleranzgrenze zu erweitern und mehr emotionale Energie zu bekommen, indem sie sich einen stärkeren Schmerz suchte. Der stärkere Schmerz, den sie sich aussuchte, war Selbstachtung.

Wenn Sie jetzt denken: *Was in aller Welt soll das heißen? Selbstachtung ist doch nicht schmerzlich!*, kann ich Ihnen versichern, dass es absolut schmerzlich ist. Wenn es schmerzfrei wäre, sich selbst zu achten, würde Meg – wie jeder andere auf der Welt – sich bereits selbst achten. Der Preis für wahre Selbstachtung ist in der Tat hoch. Um sich selbst zu achten, müssen wir bereit sein, unsere eigene Energie zutiefst zu respektieren, *auch auf Kosten der Anerkennung und Bestätigung der anderen*. In den Momenten, in denen wir uns selbst achten, hören wir auf, unser Leben auf die Wünsche anderer abzustimmen und fangen an, im Einklang mit der Wahrheit unserer eigenen Energie zu leben. Unser inneres Ja und unser inneres Nein werden beachtet und erhört. Für viele, die ihren Erfolg und ihre Sicherheit voll und ganz ihrer Eigenschaft zuschreiben, anderen zu gefallen, ist die Entscheidung, echte Selbstachtung zu entwickeln, eine Horrorvorstellung. Doch diese Wahrheit kleinzumachen, würde unsere Kraft zur Veränderung schmälern.

Meg schwor sich, dass alles, was sie im Leben wollte, mehr Selbstachtung war – die nötige Stärke, um mühelos Grenzen zu setzen und zuversichtlich Entscheidungen zu treffen. Doch während Meg sich darauf vorbereitete, öfter Nein zu sagen, stieg ihr Schmerz an. Sie wurde nervöser, ängstlicher und hatte mehr Schuldgefühle als zuvor, als sie noch anderen gefallen wollte. Sie fragte sich, welche Ziele sie verfehlen würde und wer alles wütend auf sie werden würde, wenn sie aufhörte, ständig Erwartungen überzuerfüllen.

Durch unsere Arbeit sah Meg, dass es für sie zwei Möglichkeiten gab. Sie konnte so weitermachen wie bisher, mit dem bekannten Unglück: der vertraute Schmerz, der mit dem Gefallen-wollen einhergeht. Wenn sie so weitermachte, kannte sie den Preis für diesen Schmerz bereits. Sie hatte bereits jahrelang Beweise dafür gesammelt, in Form von Selbsthass, Erschöpfung, Streit mit ihrem Ehemann und indem sie wichtige Momente im Leben ihrer Kinder verpasst hatte, wie Baseballspiele oder Tanzvorführungen.

Oder Meg konnte ein schwereres emotionales Gewicht stemmen als das, das sie die ganze Zeit schon getragen hatte. Es würde ein Schmerz sein, der ihr weniger vertraut wäre, aber dafür stärker. Es wäre der Schmerz der Unsicherheit. Das Gehirn fürchtet Unsicherheit (und wir werden darüber noch vertieft in Code 4 sprechen). Meg hatte wirklich Angst, wie es sich auf ihren Ruf auswirken würde, wenn sie aufhörte, um 6 Uhr früh ihre E-Mails zu checken – würden die anderen denken, sie lasse nach? Sie hatte Angst, was passieren würde, wenn sie Nein sagte – würden die anderen sie für unkooperativ halten? Sie hatte Angst, bei der nächsten Beförderung übergangen zu werden – würde man sagen, dass sie es nicht verdient hat?

Während sie sich immer mehr der Kraft der Selbstachtung verschrieb, von der sie wusste, dass sie sie wollte, wurden all diese Ängste anfangs *stärker*. Es half Meg enorm, dass sie die Neuroenergetik kannte und wusste, wie die emotionale Energie sich entwickelt. Wenn sie ihre negative Energie nicht verstanden hätte, hätte sie diese Spitzen von Angst, Stress und Befürchtungen irrtümlich als Beweis sehen können, dass sie auf dem falschen Weg war. Doch das *Gegenteil* ist der Fall. Da sie wusste, dass emotionaler Schmerz zur Erweiterung der emotionalen Kraft dazugehört, war sie in der Lage, ihre Gefühle des Widerstands als Beweis zu sehen, dass sie sich endlich dahin bewegte, wohin sie wollte.

Es erleichtert das Ganze, wenn man die reflexartigen Reaktionen des Gehirns kennt. Megs anfängliche Gefühle von Schmerz und Stress waren die irrigen Versuche ihres Gehirns, ihr zu helfen. Das primäre Ziel des Gehirns ist einfach nur das Überleben. Auch wenn Meg sich durch ihr Gefallen-wollen schlecht fühlte, hatte ihr Gehirn bereits jede Menge Beweise parat, dass sie auch mit dem schlechten Selbstwertgefühl, den Streitereien mit ihrem Mann oder der Tatsache, dass sie das Leben ihrer Kinder verpasste, überleben konnte. Was ihr Gehirn noch nicht wusste, war, ob es die Unsicherheit überleben konnte, die eine Reihe mutiger neuer Verhaltensweisen mit sich brachte.

Nur wenn wir uns die emotionale Energie in unserem Leben ausreichend bewusst machen, können wir die Panik in manchen Situationen überhaupt lange genug erkennen, um sie umzuwandeln. Denn wir müssen bedenken: Unser Gehirn ist so gut darin, uns Schmerz zu ersparen, dass wir oft die eigentliche Quelle der Umstände, die uns ein schlechtes Gefühl geben, so lange gar nicht sehen können, bis wir uns diese Energie bewusst machen.

Man sollte sich darauf einstellen, dass jede Wandlung in eine stärkere emotionale Haltung einige Anpassungszeit braucht. Wenn jemand den Mut aufbringt, mit seiner Schmerzenergie zu arbeiten, habe ich festgestellt, dass er unausweichlich anfangen wird, seinen Schmerz zu rationalisieren oder kleinzureden. Zum Beispiel hielt Megs CHRO ein Meeting ab, zu dem sie einige von Megs Kollegen einlud, aber nicht Meg. Meg *wusste*, der Grund, dass sie nicht eingeladen war, war, dass das Meeting nicht direkt mit ihrem Aufgabenbereich zu tun hatte, und Meg hatte darum gebeten, dass sie nur zu Meetings eingeladen wurde, die für sie absolut wesentlich waren. Aber Meg sagte, als sie laut nachdachte, spontan zu mir: »Ich weiß nicht, ich fühle mich irgendwie ausgeschlossen – als wäre es ihnen egal, ob ich dabei bin oder nicht.« Als sie merkte, was sie da gesagt hatte, ruderte sie zurück: »Ich meine, ich weiß ja, dass sie mich nicht absichtlich ausschließen; ich habe es nicht so gemeint.«

Aber ihr emotionales System hatte es absolut genau so gemeint.

Meg musste die ganze Wahrheit ihrer emotionalen Energie zulassen, wenn sie Zugang zu größerer emotionaler Energie bekommen wollte. Wenn man noch nie zuvor Grenzen gesetzt hat, *wird* sich das Setzen von Grenzen anfangs schrecklich anfühlen. Na und? Um sich verändern zu können, müssen Sie eines verstehen: Es ist ein himmelweiter Unterschied zwischen dem Zustand, in Gefahr zu *sein*, und dem, sich in Gefahr zu *fühlen*. Ihre schmerzlichen Gefühle sind einfach nur das: Gefühle. Ein paar intensive elektronische Zickzack-Blitze, und Ihr Nervensystem ist *dazu gemacht, damit umzugehen*. In Ihrem Nervensystem stecken 150 Millionen Jahre evolutionäre Energie. Sie sind dafür gebaut, mit Schwierigkeiten umzugehen.

Im Leben das zu verfolgen, was man will, verleiht uns Macht, eben *weil* es schmerzlich ist. Es ist ganz natürlich, dass man Menschen bewundert, die wirklich ihren Träumen folgen, weil wir alle, auch wenn wir es uns nicht bewusst machen, wissen, welche Verwundbarkeit und welchen Schrecken es mit sich bringt, wenn man so viel riskiert für die Dinge, nach denen man sich zutiefst sehnt.

Etwas muss man über die Art und Weise wissen, wie das Gehirn Schmerz verarbeitet, und das ist ganz erstaunlich: Oft ist die Vorstellung von Schmerz schmerzhafter als der Schmerz selbst. (Wir werden darüber mehr in Code 4 sprechen.) Aber im Moment – in diesem Code, wo es über die Erweiterung Ihrer emotionalen Energie geht – ist es wichtig, sich vor Augen zu halten, dass die *Angst* vor dem Schmerz oft schmerzhafter ist als der *eigentliche* Schmerz, den man empfindet.

Meg erreichte am Ende die Selbstachtung, nach der sie sich gesehnt hatte. Ich begleitete sie durch den folgenden Prozess in vier Schritten, um ihr zu helfen, die Toleranzgrenze ihrer emotionalen Kraft zu erweitern, indem sie einen stärkeren Schmerz wählte. Und nun zeige ich Ihnen, wie Sie das auch können.

Übung

1. Suchen Sie sich einen stärkeren Schmerz

Als Erstes bat ich Meg, ihren tiefsten emotionalen Wunsch zu finden, indem sie sich fragte: Was will ich wirklich? Beispiele wären:

- Ich will mich freier fühlen.
- Ich will mehr Selbstachtung haben.
- Ich will mehr Aufregung erleben.
- Ich will mehr das Gefühl haben, mich ausdrücken zu können.
- Ich will mich selbstbewusster fühlen.
- Ich will mich sicherer fühlen.
- Ich will mich bedingungslos wertvoll fühlen.
- Ich will mich entspannter fühlen.

In Megs Fall war ihre größte Sehnsucht, mehr Selbstachtung zu empfinden. Um diese Frage für sich selbst zu beantworten, müssen Sie vielleicht etwas tiefer nachforschen. Oft geht unsere erste Antwort nicht tief genug. Megs anfänglicher Wunsch war es zum Beispiel, andere dazu zu bringen, sich auf bestimmte Weise zu verhalten. Es gab einen Kollegen, bei dem sich Meg besonders schwertat, ihre Grenzen zu wahren, und genau deshalb war Meg ihm gegenüber ganz besonders zuvorkommend. Verständlicherweise hatte Meg Fantasien darüber, »wie es wäre, wenn dieser Mensch die Firma verlassen würde«. Als wir anfingen, erwog Meg ernsthaft, das Unternehmen zu wechseln. Doch durch unsere Arbeit erkannte Meg schließlich, dass ihr tiefster Wunsch mehr Selbstachtung war.

Wenn Sie dazu neigen, etwas nicht Emotionales zu sagen, wie den Wunsch, befördert zu werden, in einem größeren Team oder in einer anderen Firma zu arbeiten oder eine Gehaltserhöhung zu bekommen, dann sind Sie nicht tief genug gegangen. Denken Sie daran: Emotionen geben allen Dingen in unserem Leben ihren Sinn. Sie wollen zum Beispiel befördert werden, weil es Ihnen ein bestimmtes *Gefühl* gibt. Vielleicht ist es mehr Freiheit, mehr Sicherheit oder mehr Aufregung im Leben. Finden Sie die emotionale Energie dahinter heraus, nicht den Vektor, der dorthin zeigt.

2. Verarbeiten Sie Ihren stärksten Schmerz

Wenn Sie Ihren stärksten Schmerz verarbeiten, entschärfen Sie ihn damit. Dazu beschreiben Sie das Katastrophalste, was passieren *könnte*, wenn Sie das verfolgen, was Sie wirklich wollen. Es gibt ein apokalyptisches Szenario in Ihrem Gehirn, das Sie davon abhält, das zu verfolgen, was Sie im Leben wirklich wollen. Fast immer ist diese Blockade ein vages Gefühl – ein nebulöses Untergangszenario – und keine klare, logische Anordnung von Ereignissen. Die Erweiterung Ihrer emotionalen Kraft beginnt, wenn Sie in das Chaos Ihrer schmerzlichen Gefühle eine gewisse Linearität bringen.

Benennen Sie genau sämtliche schlimmen Dinge, die passieren könnten, wenn Sie Ihrem Wunsch folgen. *Spielen Sie es durch bis zur allerschmerzlichsten Schlussfolgerung.* Diese Schlussfolgerung wird fast immer völlig unlogisch sein. Wenn Sie beginnen, die katastrophale Schlussfolgerung zu formulieren, wird sie sich absurd anhören – weil sie das ist. Und in ihrer Absurdität werden Sie versucht sein, mit dem Verstand dagegen zu argumentieren (*»Das ist doch lächerlich«* oder *»Ich weiß, jetzt dramatisiere ich es«* oder *»Das wird natürlich nicht wirklich passieren«* oder *»Ich weiß, sie wollten mich nicht wirklich ausschließen«*). Aber gehen Sie nicht mit dem Verstand gegen die Katastrophe des stärkeren Schmerzes vor, die Sie sich ausmalen, sonst funktioniert die Übung nicht.

Als Meg über die Barrieren nachdachte, die sie daran hinderten, mehr Selbstachtung zu haben, beschrieb sie sie als einen Strom aus katastrophaler Energie, der folgendermaßen aussah: Ich enttäusche die anderen, indem ich ihnen sage, dass ich etwas nicht tun kann, und die Schleusen des Schmerzes öffnen sich → Mein Chef merkt langsam, dass ich nichts tauge → Ich werde gefeuert → Ich finde keinen anderen Job → Ich kann meine Familie nicht unterstützen → Wir verlieren unser Zuhause → Ich bin völlig unfähig, mich und meine Kinder zu beschützen → Ich bin gedemütigt vor den Augen aller, die ich je kannte → Wir sind für immer ruiniert und kommen nie wieder auf die Beine.

Natürlich *wusste* Meg, sobald sie die Katastrophe hinter ihrem stärkeren Schmerz ausgesprochen hatte, dass die statistische Wahrscheinlichkeit unendlich gering war, dass sie obdachlos, unfähig, ihre Familie zu beschützen, und für immer ruiniert enden würde. Doch auch wenn sie versucht war, verstandesmäßig dagegen vorzugehen, war diese Angst in Wahrheit sehr lebendig in ihrem emotionalen System. Sie müssen mit der Energie arbeiten, die in Ihrem Nervensystem gegenwärtig ist, wenn Sie sie befreien wollen.

Weil es die einzigartige Funktion des Gehirns ist, für Ihr Überleben zu sorgen, werden Sie, wenn eine noch unverarbeitete bedrohliche Energie auftaucht, im vertrauten Schmerz stecken bleiben. Wenn Sie sich von Ihrem emotionalen Schmerz befreien wollen, müssen Sie etwas verstehen, was der Intuition zunächst widerspricht. Das Gehirn bleibt gerne im chronischen emotionalen Schmerz, weil es oft *genau das Chronische ist, wodurch Ihr Gehirn einschätzen kann, dass Sie diesen Schmerz überleben können.* Wenn etwas chronisch ist, ist es zwangsläufig auch vertraut. Obwohl Meg erheblichen Schmerz litt, wenn sie permanent sämtliche Energie darauf verwendete, anderen zu gefallen, hatte ihr Gehirn doch jede Menge Beweise dafür, dass das Gefallen-wollen sie nicht umbringen würde. Auch wenn sich Meg schlecht fühlte, wusste ihr Gehirn, die Lage war sicher genug, um zu überleben. Ihr Gehirn hatte jedoch noch keine Beweise dafür, was passieren würde, wenn sie begann, sich über diesen erstickenden Teufelskreis hinaus auszudehnen, indem sie einen stärkeren Schmerz wählte.

3. Bewerten Sie Ihren Schmerz

Nehmen Sie ein Blatt Papier zur Hand und zeichnen Sie darauf zwei Spalten. Über die linke Spalte schreiben Sie »Vertrauter Schmerz«. (Eine Abbildung dazu finden Sie in Tabelle 1. auf der nächsten Seite) In dieser Spalte zählen Sie alle schmerzlichen Dinge auf, die Sie aufgrund Ihres derzeitigen Verhaltens schon erlebt haben. Gehen Sie wieder ganz genau vor. Zum Beispiel schrieb Meg »Elishas Basketballspiel zum dritten Mal in der Saison verpasst« und »Fast bis 1 Uhr nachts gearbeitet«.

Über die rechte Spalte schreiben Sie »Stärkerer Schmerz«. Füllen Sie dann diese Spalte mit den Daten, die Sie aus Schritt 2 generiert haben (»Verarbeiten Sie Ihren stärksten Schmerz«). Zum Beispiel schrieb Meg in diese Spalte Dinge wie »Gefeuert werden und unfähig, jemals einen neuen Job zu finden« und »Total unfähig, mich und die Kinder zu beschützen«.

Als Nächstes bewerten Sie jeden Eintrag auf einer Skala von 1 bis 10 danach, für wie *wahrscheinlich* Sie dieses Ereignis halten, wobei 10 extrem wahrscheinlich und 1 höchst unwahrscheinlich ist. Tun Sie das sowohl bei den Einträgen in der Spalte »Vertrauter Schmerz« als auch in der Spalte »Stärkerer Schmerz«.

Diese Übung ist ein bisschen manipulativ, denn die Spalte »Vertrauter Schmerz« sollte nur 10er enthalten. Mit anderen Worten, jeder dieser Einträge beschreibt etwas, wovon Sie *bereits wissen*, dass es Ihnen ein schlechtes Gefühl gibt. In Megs Fall wusste sie bereits, dass sie einen Schmerz empfand, weil sie schon drei Basketballspiele ihres Sohnes verpasst und bis 1 Uhr nachts gearbeitet hatte.

Da Sie die Antwort schon wissen, sind Sie vielleicht versucht, die Bewertung Ihres vertrauten Schmerzes zu überspringen. Tun Sie das nicht. Dieser Schritt ist sehr wirkungsvoll. Wenn Sie all Ihre Daten vor sich liegen haben, ist das eine wirkungsvolle Methode, um die klaren Beweise von dem vagen, nebulösen Gefühl des Untergangs zu unterscheiden, und es ist eine Motivation für Sie, zu entscheiden, wie Sie an emotionaler Stärke gewinnen können.

In Tabelle 1 finden Sie eine Auswahl aus Megs Liste.

Tab. 1:

Megs Schmerzbewertungen

Bewertung	Vertrauter Schmerz	Stärkerer Schmerz	Bewertung
10	Zum dritten Mal in dieser Saison Elishas Basketballspiel verpasst	Gefeuert werden und unfähig, jemals einen neuen Job zu finden	1
10	Bis nachts um 1 Uhr gearbeitet	Total unfähig, mich selbst und meine Kinder zu beschützen	1
10	Seit Monaten keine Quality-Time mit Ehemann verbracht; jetzt regelmäßig Streit	Gedemütigt vor jedem, den ich je kannte	1
10	Maeve sagte beim Schlafengehen: »Mama arbeitet immer nur.«	Für immer ruiniert, unfähig, wieder auf die Beine zu kommen	1

4. Finden Sie heraus, welcher Schmerz Ihrer Meinung nach mehr Energie für Ihre Erweiterung bietet – und gehen Sie dann darauf zu

Nun, da Sie all Ihre Daten vorliegen haben, können Sie eine bewusste Auswahl treffen. Denken Sie daran, es gibt keine perfekte Methode, Schmerz zu vermeiden. Das ist eine Illusion, diese Wahl haben Sie nicht. Haben Sie sich einmal klargemacht, dass es keine vollkommen schmerzfreie Option gibt, wird es sehr viel einfacher, einen stärkeren Schmerz auszuwählen – den Weg, der Sie stärker macht, anstatt Sie in Ihrer Situation festzuhalten.

Die Schritte der Schmerzverarbeitung, Schmerzbewertung und Schmerzwahrnehmung basieren auf neurowissenschaftlichen Erkenntnissen. Emotionaler Schmerz, der uns daran hindert, unsere Träume zu verwirklichen, ist in der Regel vage. Man hat schon lange erkannt, dass es die Belastung verringern kann, wenn man über seinen Schmerz spricht oder ihn kognitiv angeht, indem man ihm einen numerischen Wert gibt.

Jüngste Fortschritte in der Neurowissenschaft haben uns gezeigt, warum das so ist. Schmerzhafte Emotionen werden in den subkortikalen Regionen des Gehirns erzeugt, zu denen Strukturen wie die Amygdala gehören. Kurz gesagt, der Subkortex Ihres Gehirns enthält Teile, die älter und primitiver sind. Worte sind jedoch eine evolutionär neuere Funktion des Gehirns und werden in kortikalen und nicht in subkortikalen Regionen des Gehirns produziert. Wenn Sie also Ihre Gefühle in Worte fassen, aktiviert dies kortikale Teile Ihres Gehirns – Regionen wie den rechten ventrolateralen präfrontalen Kortex –, die dann helfen, hyperaktive subkortikale Teile des Gehirns, wie die Amygdala, zu beruhigen. Ähnliche Prozesse sind beteiligt, wenn Sie einem nebulösen Gefühl eine numerische Einstufung zuordnen.[13]

Zusammenfassend lässt sich sagen, dass Ihre Aufgabe, wenn Sie ein selbstbestimmteres Leben führen wollen, nicht darin besteht, Ihre Probleme zu beseitigen. Es geht darum, sie zu verbessern. Mit diesem Vier-Schritte-Prozess wird Ihre emotionale Energie unbestreitbar stärker.

Halten Sie Ihre emotionale Erschütterung aus

Nun, da Sie verstehen, wie Sie die Toleranzgrenze Ihrer emotionalen Kraft erweitern können, indem Sie einen stärkeren Schmerz wählen, sprechen wir über die zweite Strategie: »Emotionale Erschütterung aushalten«.

Greifen wir noch einmal zurück auf die Analogie der physischen Kraft. Stellen Sie sich vor, dass Sie derzeit nur 20 Pfund heben können, und Ihr Ziel ist, stärker zu werden. Sie wissen genau, was Sie tun müssen: mit schwereren Gewichten arbeiten. Sie beschließen, gleich auf 30 Pfund überzugehen. Anfangs können Sie es anheben, aber sehr schnell fangen Ihre Muskeln an zu zittern. Brechen Sie in diesem Moment in Panik aus – flippen aus, denken, dass das Zittern etwas ganz Schreckliches bedeutet, fliehen aus dem Fitnessstudio und gehen nie wieder hin?

Nein.

Sie wissen, dass *das Zittern selbst der Beweis dafür ist, dass Ihre Kraft zunimmt.* Für viele, die trainieren, ist das Zittern ein gutes Zeichen, das sie sogar genießen – denn es ist das deutlichste Anzeichen dafür, dass sie ihr Ziel, stärker zu werden, erreichen.

Dasselbe gilt auch für emotionale Kraft. Wenn Sie stärker werden wollen, müssen Sie eine höhere Stufe des emotionalen Widerstands in Angriff nehmen. Und wenn Sie das tun, kommt die Veränderung ganz schnell.

Daisys Geschichte

Daisy war Jungprofessorin. Sie hatte vor Kurzem ihren Doktor gemacht und war außergewöhnlich produktiv mit ihren Veröffentlichungen in wissenschaftlichen Zeitschriften. Daisy verfügte über einen scharfen, analytischen Verstand, kombiniert mit einem großen Talent fürs Erzählen über ihre Forschungen im Bereich Erziehungswissenschaften, und ihre Arbeit begann auch in der nicht akademischen Welt Aufmerksamkeit zu erwecken. Sie bekam Interviewanfragen von bekannten Radio- und Fernsehsendungen sowie Podcasts. Anfangs fand Daisy das spannend, aber bald machte es ihr große Angst.

Als sie sich an mich wandte, beschrieb sie, dass sie schlaflose Nächte damit verbrachte, Antworten auf die unzähligen Interviewfragen aufzuschreiben, zu proben und auswendig zu lernen. Sie erklärte: »Wenn ich bei wissenschaftlichen Konferenzen Vorträge halte, weiß ich ganz genau, was ich sagen werde. Ich habe mein Pult, meine Daten, und ich habe mein Skript vor mir liegen. Aber bei diesen Live-Interviews, wer weiß, was die da fragen werden?« Wenn Daisy einen vorbereiteten Vortrag hielt, hatte sie das Gefühl, alles unter Kontrolle zu haben, aber wenn sie ein Gespräch aus dem Stegreif führte, hatte sie das Gefühl, keine Kontrolle mehr zu haben.

Wie so viele leistungsstarke Führungspersönlichkeiten hatte Daisy einen Hang zum Perfektionismus und am Anfang ihrer Laufbahn war es leicht, darin einen Vorteil zu sehen. Aber jetzt erkannte sie, welchen Schmerz das mit sich bringt. »Jetzt, da ich mehr Aufmerksamkeit erhalte, habe ich einen

Horror davor, etwas Dummes zu sagen – und steigere mich immer mehr hinein. Ich stelle mir vor, dass ich irgendeine kleine Dummheit sage, die nicht ganz richtig ist, und plötzlich habe ich damit meine gesamte Forschungsarbeit diskreditiert und mein Leben ist komplett ruiniert.« Sie war aber bereit, etwas zu verändern: »Ich weiß, ich muss damit aufhören, denn ich mache mich ganz verrückt mit den ganzen Vorbereitungen.«

Daisy musste zwischen zwei Schmerzarten wählen. Sie konnte beim Schmerz des Übermäßigen bleiben – dem übermäßigen Vorbereiten, dem übermäßigen Planen, dem übermäßigen Grübeln, dem übermäßigen Arbeiten. Oder sie konnte den stärkeren Schmerz wählen – Selbstvertrauen. Wenn Sie jetzt versucht sind zu sagen, es sei doch nichts Schmerzliches an Selbstvertrauen, kann ich Ihnen versichern, ist es doch, absolut. Wenn es schmerzfrei wäre, sich selbst zu vertrauen, würde es schon jeder machen. In Daisys Fall wusste sie, dass sie ihre Forschungsarbeit kannte – sie hatte sie schließlich geschaffen! Aber einen perfekt vorbereiteten Vortrag zu halten oder auf seine intuitive Intelligenz zu vertrauen, sind zwei unterschiedliche Führungsfähigkeiten. Um von ihrem Perfektionismus loszukommen, musste sie in der Energie des Augenblicks lebendig werden. Dazu würde sie ihr »emotionales Zittern« aushalten müssen.

Bei Daisy zeigte sich ihr emotionaler Stress ganz physisch. Wenn sie unvorbereitet zu Interviews erschien, zitterte sie buchstäblich. Ihre Hände zitterten, ihre Knie wurden weich, ihre Stimme bebte, ihr Herz flatterte und ihre Gedanken rasten. Genau wie jemand, dem der Bizeps zittert, wenn er im Fitnessstudio mehr Gewicht auflegt, durchlebte Daisy die Todesqualen ihrer emotionalen Erschütterung. Aber jetzt kommt das Erstaunliche. Sie hielt das Zittern fünf Interviews lang durch – fünf! Danach war es weg. Während Daisy die emotionale Erschütterung aushielt, gewöhnte sich ihr Nervensystem an ein neues Level der emotionalen Kraft. Jetzt fand sie genau die Interviews, vor denen sie zuvor einen Horror hatte, sogar aufregend. Daisy berichtete: »Als ich Sie aufsuchte, um mit Ihnen daran zu arbeiten, dachte ich, ich würde nie wieder ein Interview geben, und jetzt macht es mir richtig Spaß.«

Wenn Daisy auf ihr emotionales Zittern reagiert hätte, als sei es ein Anzeichen von unmittelbarer Gefahr – wenn sie die Interviews gecancelt oder nur auswendig gelernte Antworten gegeben hätte –, hätte sie niemals dieses neue Level der emotionalen Kraft erreicht.

Sie können Ihre emotionale Kraft steigern, indem Sie Ihre emotionale Erschütterung aushalten, und zwar anhand einer einfachen Übung in zwei Schritten. Und so geht's:

Schritt 1: Erstellen Sie eine Liste der »emotionalen Gewichte«

Ordnen Sie fünf bis zehn Tätigkeiten anhand des »Stress erzeugenden Zitterns« an, das sie bei Ihnen verursachen. Jede beliebige Tätigkeit, die Sie zittern lässt, kann auf diese Liste kommen. Das könnte ein schwieriges Gespräch mit einem Teammitglied sein, eine mutige Entscheidung, der Sie bisher aus dem Weg gegangen sind, oder ein Anruf bei Ihrem Internet-Provider, vor dem Ihnen graut. Gehen Sie nicht nach dem Inhalt der Tätigkeit, sondern nach der *Intensität der Emotionen, die sie bei Ihnen auslöst.* Wie wir schon bei Meg erklärt haben, gibt der Teil des Gehirns, der Ihre schmerzlichen Gefühle auslöst, den Dingen keine Rangordnung, er organisiert oder sortiert sie nicht. Deshalb ist allein schon das Sortieren Ihres Schmerzes nach dem Zittern, das er verursacht, Teil Ihrer Lösung.

In Daisys Fall sah die Liste folgendermaßen aus, nach Schmerzlevel aufsteigend angeordnet (dargestellt durch eine Zahl zwischen 1 und 10, die jeder Tätigkeit zugeordnet wurde):

- 2 = zum Interview erscheinen mit zahlreichen auswendig gelernten Antworten
- 7 = zum Interview eines Podcasts von mittlerem Bekanntheitsgrad vollkommen ungeprobt erscheinen
- 8 = eine Serie aus Live-Events auf meinem Account in den sozialen Medien machen, bei der ich Fragen aus dem Publikum entgegennehme

9 = vollkommen ungeprobt zu einem landesweit gesendeten Radiointerview erschienen

10 = vollkommen ungeprobt zu einem landesweit gesendeten Fernsehinterview erscheinen

Als Nächstes suchen Sie sich eine dieser Tätigkeiten heraus, um damit zu trainieren. Nur Sie selbst wissen, welches Level für Sie gerade richtig ist. Die meisten beginnen mit dieser Übung auf dem Widerstands-Level 7 oder 8. Genau wie *Goldlöckchen** sollten Sie ein Widerstands-Level wählen, das nicht zu leicht und nicht zu schwer ist, sondern eines, das genau richtig ist. Eine 10 wäre zu viel, eine 2 nicht genug.

Schritt 2: Machen Sie mit der Tätigkeit weiter, bis das Zittern Sie nicht mehr quält

Man kann nicht ein einziges Mal ins Fitnessstudio gehen und erwarten, dass sich davon dauerhaft etwas verändert. Sie müssen mit Ihrer emotionalen Widerstandskraft wiederholt arbeiten, um stärker zu werden. Wiederholung ist der Meister des Gehirns. Sie müssen sich aber im Klaren sein, dass das Ziel oft nicht darin liegt, das Zittern ganz wegzubekommen. Es war auch nicht Daisys Ziel, ihre Hypererregung auf null zu bringen.

Denken Sie ans Krafttraining: Auch wenn Sie stark genug sind, 40 Pfund zu stemmen, sind Ihre Muskeln angespannt, wenn Sie 20 Pfund heben. Wenn Sie ein wichtiges Gespräch führen werden oder eine große Entscheidung treffen, werden Sie immer einen gewissen Grad an Erregung empfinden: Ihr Puls beschleunigt sich und Ihre Körperhaltung verändert sich. Aber das ist etwas Gutes. Sie wollen ja nicht so entspannt in einem Interview sein, dass Sie mental abschweifen. Wie wir uns erinnern, sagte Daisy, dass sie die Gespräche aus dem Stegreif jetzt »aufregend« fand und

---

* Anm. d. Übers.: Gemeint ist die Hauptfigur aus dem Kinderbuch *Goldlöckchen und die drei Bären.*

nicht »lästig«. Aufregung ist neurologisch noch immer ein energetisch aufgeladener Zustand. Unser Ziel für Sie ist, Ihre Energie auf ein optimales Maß zu bringen.

Dieser Ansatz der Wiederholung von emotionalem Widerstand – der Gedanke, das Zittern wiederholt auszuhalten, bis sich die emotionale Energie verändert – spiegelt einen der grundlegendsten Ansätze der Neuropsychologie wider, um Schmerzempfindungen wie Angst, Stress oder Besorgnis zu überwinden. Denken Sie an den schlimmsten Horrorfilm, den Sie je gesehen haben. Als Sie ihn das erste Mal gesehen haben, war es schrecklich. Sie waren absolut schockiert. Aber stellen Sie sich jetzt vor, dass Sie ihn noch dreimal nacheinander ansehen würden. Ihr Schmerzlevel würde beträchtlich sinken. Was wäre, wenn Sie den Film fünfmal ansehen würden? Zehnmal? Fünfzehnmal? Beim fünfzehnten Mal, dass Sie denselben Film ansehen, würden sich die Szenen, die Sie kurz zuvor noch schockiert hatten, in etwas so Vorhersehbares verwandeln, dass Sie davon bodenlos gelangweilt wären.

Man nennt das »Habituation«, ein gut erforschtes neuropsychologisches Phänomen, das einfach bedeutet, man setzt sich wiederholt einer Situation aus, die anfangs Schmerz verursachte, und nach einigen Wiederholungen lernt das Gehirn – durch den Beweis, den man ihm liefert –, dass das, was es für gefährlich hielt, gar nicht gefährlich ist.[14] Dieser Prozess befreit Sie aus dem Schmerz-Kreislauf. Was bei Ihnen zuvor ein schmerzliches Zittern hervorrief, ist jetzt zum Beweis geworden, dass Sie zu einer neuen Stärke gefunden haben. Sie haben die Toleranzgrenze Ihrer emotionalen Energie erweitert, indem Sie die Erschütterung ausgehalten haben.

Zusammenführung der beiden Strategien

Ich möchte nun die Neuroenergetik hinter den beiden Strategien – sich einen stärkeren Schmerz suchen und die emotionale Erschütterung aushalten – für Sie zusammenführen. Wichtiger als die vordergründige Funktionsweise dieser beiden Strategien und Übungen ist die zugrunde liegende Energetik. Sie denken vielleicht, das große Ziel und der Erfolg für Meg und Daisy liege darin, keine Angst zu haben, wenn sie ein bestimmtes Interview geben oder zu einem bestimmten Kollegen Nein sagen. Solche situationsbedingte Ergebnisse sind sicherlich etwas Gutes – aber es gibt noch ein tiefer liegendes Ziel.

Das zentrale Ziel für Meg und Daisy – genau wie für Sie – ist es, eine neue Beziehung zur Kraft Ihrer Emotionen aufzubauen, und zwar für *alle* Situationen. Denken Sie daran, sämtliche Emotionen sind nichts als elektrische Impulse in Ihrem Gehirn – ein bisschen zick, zack, zing, zing, knister, knister. Das ist alles. Mehr ist es nicht. Wenn Sie lernen, Emotionen als bloße Empfindung von Energie zu sehen, und nicht als Vorboten eines drohenden Untergangs, öffnet sich vor Ihnen plötzlich Ihre ganze emotionale Landschaft.

Während Sie lernen, Gefühle zu tolerieren, die Sie zuvor vermieden haben, werden Sie wahrscheinlich feststellen, dass die Gefühle, für deren Vermeidung Sie so viel Energie verschwendet haben, ihre Schärfe verlieren. Und wenn Sie verstehen, wie man mit negativen Emotionen und ihren zugrunde liegenden Funktionsweisen umgeht, werden Sie emotional stärker.

Anderer Ort, andere Situation, gleiches Gehirn

Wir haben gesehen, dass sowohl Meg als auch Daisy lange Zeit in einem Teufelskreis aus Schmerz und Bestrafung gefangen waren. Doch als sie herausfanden, wie sie ihren Schmerz verarbeiten können, änderte sich ihr jeweiliges Leben sehr schnell. Man hat immer die Vorstellung, dass Veränderung über einen langen Zeitraum stattfinden muss. Aber wenn man auf dem richtigen Schmerzlevel arbeitet, kommt man sehr schnell zu einem selbstbestimmten Leben. Sie werden das jetzt in der Geschichte von James klar sehen, einem Kriegsveteranen mit posttraumatischer Belastungsstörung (PTBS).

Es mag hier zu dramatisch erscheinen, die Geschichte eines Kriegsveteranen mit PTBS zu bringen, als würde ich Äpfel mit Birnen vergleichen. Aber ich kann gar nicht oft genug betonen, dass die neurologischen Kräfte jedes Mal am Werk sind, auch wenn die Umstände völlig anders sind. Das Gehirn arbeitet immer auf dieselbe Weise. Und die grundlegenden Strategien, mit denen wir unseren Schmerz umwandeln können, sind für jede Situation genau dieselben.

Als James mich aufsuchte, lag seine Zeit auf dem Schlachtfeld schon über ein Jahrzehnt zurück. Er meint es immer noch ernst, wenn er seine anfängliche Begeisterung und seinen Entschluss beschreibt, unmittelbar nach dem 11. September ins Militär einzutreten. Aber seine Nostalgie schwindet schnell, als er sich in vagen Sätzen und Gedankenfragmenten daran erinnert, wie sein Patriotismus sich in einen endlosen Albtraum verwandelte, nachdem ein Angriff schiefgelaufen war.

Zuerst ist er skeptisch gegenüber der Therapie und fragt sarkastisch: »Ich schätze mal, wir schieben jetzt die ganze Schuld auf meine Gefühle, oder?«

»Nein«, sage ich, »hier werden wir die meiste Zeit damit verbringen, Ihrer Mutter die Schuld zu geben.«

Er lacht und wir haben einen Draht zueinander. Ich frage ihn: »Was haben Sie bisher getan, um mit Ihrem Trauma fertigzuwerden?« Er rattert eine ganze Liste herunter: Er meidet Menschenmengen und öffentliche Plätze; er hält die Nachrichten nicht aus, also sieht er sie sich nie an; er kann nicht arbeiten, weil er so leicht getriggert wird und oft in Auseinandersetzungen mit Kollegen gerät; er fährt kaum Auto; und das Schlimmste ist, seine Frau hat ihn kürzlich verlassen, weil er sich nicht auf sie oder die Kinder einlassen konnte.

Mit einem Wort: Er ist ein *Vermeider*. James leidet fürchterlich an einem Leben, in dem er kaum mehr Luft bekommt, weil er viel zu viel vermeidet.

Die Logik dahinter gilt universell – ob es sich nun um Stress im Unternehmen handelt, Angst vor öffentlichen Reden oder ein Kriegstrauma:

Das Gehirn ist so verdrahtet, dass es reflexartig alles vermeidet, was das Gespenst des Schmerzes wieder aufleben lässt. Die gute Nachricht für James ist, dass die Neurowissenschaft sehr klare Antworten darauf hat, was man in solchen Situationen tun kann.

»Die besten Forschungen über PTBS besagen, dass man das *Gegenteil* dessen tun soll, was man bisher getan hat«, erkläre ich James. »Mit anderen Worten, wir werden aufhören, allem aus dem Weg zu gehen, was Sie an den Krieg erinnert. Stattdessen werden wir Beweise sammeln, um festzustellen, ob Sie wirklich so große Angst vor den Dingen haben müssen, vor denen Sie sich so fürchten. Um diese Beweise zu sammeln, werden wir sehr detailliert und genau über Ihr Trauma sprechen. Und zwar nicht nur einmal, sondern immer und immer wieder. Und wir werden nicht nur in der Sitzung darüber sprechen, sondern wir werden das aufnehmen, was Sie sagen, und dann hören Sie sich das zu Hause jeden Tag wieder an.«

Um abzuklopfen, ob diese komische Idee auch sicher für ihn ist, stellt er mir eine Reihe scheinbar unschuldiger Fragen: Was ist, wenn er nicht damit umgehen kann? Was ist, wenn er anfängt zu weinen und nicht mehr damit aufhören kann? Was ist, wenn seine Albträume schlimmer werden? Besondere Sorgen macht er sich, dass er sich übergeben muss, wenn er über sein Trauma spricht, also will er wissen: Was ist, wenn ihm schlecht wird?

Ich hole den Papierkorb unter meinem Schreibtisch hervor und stelle ihn vor ihn hin. »Wenn es funktioniert, sind wir uns wohl einig, dass ein bisschen Kotze ein kleiner Preis dafür ist.«

Bemerkenswert ist, dass James – genau wie Meg und Daisy – »Was ist, wenn …«-Sätze verwendet, um sich *fantasierte Worst-Case-Szenarien* auszumalen. Auch bemerkenswert ist, dass es genau diese Fantasie-Szenarien sind, die sie in ihre erdrückenden emotionalen Muster des Aushaltens pressen. Hier gibt es keine Ausdehnung. Hier ist keine Stärke.

Hier erhebt sich niemand.

Um sich zu verändern, muss James Beweise sammeln, die seine emotionale Ausdehnung fördern. Er muss einen stärkeren Schmerz wählen und die emotionale Erschütterung aushalten, die darauf folgen wird. Ich nutze die Gelegenheit und erinnere ihn daran, dass es eine großartige Nachricht gibt: Er hat das Schlimmste, was am meisten Mut erfordert, schon durchgemacht. Er hat das *eigentliche* Trauma überlebt. Der Krieg ist vorbei. Er ist zu Hause. Ja, die Traumabehandlung ist schwer. Aber wir können etwas ändern; wir können etwas tun. Sein Gesicht wird weicher, die Schultern gehen leicht nach unten und er entscheidet sich dafür, es zu tun.

In der zwölften Woche spaziert er in meine Praxis und sagt abrupt: »Doc, ich schaff das nicht mehr.«

»Setzen Sie sich erst mal«, sage ich. »Was ist passiert?«

Er lehnt sich in seinem Stuhl nach vorne und schüttelt den Kopf. »Ich kann mir das kein einziges Mal mehr anhören«, sagt er, während er auf sein Handy zeigt, auf dem die Aufnahme ist, wie er über den Krieg spricht.

»Warum denn nicht?«

»Weil ich jedes Mal, wenn ich mir das anhöre, einschlafe. Ich kann einfach nicht wach bleiben. Langweilig. Bo-den-los.«

James hatte es geschafft – und das innerhalb einer atemberaubenden Zeitspanne von zwölf Wochen. Das Trauma, das ihn über ein Jahrzehnt gequält hatte – die Erinnerungen, die es ihm so schwer machten, sich an der Öffentlichkeit aufzuhalten, Auto zu fahren oder sich auf seine Familie einzulassen –, war nun so langweilig, dass es ihn einschlafen ließ. Das war wirklich ein radikaler Akt der Transformation. Er hatte die Toleranzgrenze seiner emotionalen Stärke ausgedehnt.

. . .

Wenn ich Ihnen diese Geschichten über die Verwandlung eines Menschen erzähle, treibt mir das noch immer die Tränen in die Augen und ich bekomme Gänsehaut. Wenn ich einen so atemberaubenden Mut erlebe, der seine Wurzeln in der tief verwurzelten Selbstfürsorge und Hoffnung auf eine bessere Zukunft hat, dann zeigt mir das, dass wir mitten in unserem Schmerz so viel Freiheit haben. Wir verschwenden so viel von unserer innersten Energie, indem wir mit aller Kraft versuchen, die Dinge zu vermeiden, die uns ein schlechtes Gefühl geben. Doch hinter all dem, was ich Ihnen hier nahebringe, steckt eines der größten Paradoxa der Menschheit, nämlich: Diese schmerzlichen Gefühle – von denen Sie schwören könnten, dass sie Sie umbringen – sind dazu da, um Sie zu befreien. Und wenn Sie sich das klarmachen, sind Sie auf dem besten Wege zu Ihrer emotionalen Befreiung.

Code 2: Schaffen Sie sich Ihr Power-Muster

Die Fähigkeit des Gehirns, Muster zu erkennen, und wie Sie dies nutzen können

Im letzten Code habe ich Ihnen gezeigt, wie Sie Ihre emotionale Stärke steigern können, indem Sie den stärkeren Schmerz suchen und die emotionale Erschütterung aushalten. Doch auch wenn dieser Ansatz in jeder Situation gut funktioniert, möchte ich Ihnen etwas noch Wirkungsvolleres anbieten als eine solche situationsbezogene Methode. In diesem Code zeige ich Ihnen, *wie Sie sich Ihr Power-Muster aufbauen*. Ihr Power-Muster ist der Rahmen, der es Ihnen ermöglicht, in allen möglichen verschiedenen Situationen mit emotionaler Stärke zu reagieren.

Muster sind aufgrund der Funktionsweise des Gehirns für uns lebenswichtig. Das menschliche Gehirn ist die leistungsfähigste Muster-Erkennungsmaschine der Welt.[15] Die Welt um uns herum wimmelt von einer unfassbaren Fülle an Informationen: Bilder, Geräusche, Wörter, Artikel, Meinungen, Nachrichten und vieles mehr. Wenn Sie über jede einzelne Information nachdenken müssten, die Ihr Gehirn empfängt, wären Sie durch die schiere Menge all dessen praktisch lahmgelegt.

Also steuert Ihr Gehirn Sie sanft – ja, sogar mühelos – unter Verwendung von Mustern, um vorausschauend Ihre nächsten Handlungen zu bestimmen. Ohne viel bewusstes Nachdenken läuft in Ihrem Gehirn eine permanente Kalkulation ab: Sag dies, nicht das; tu dies, nicht das; handle so, nicht anders. Nähere dich diesem, vermeide jenes.

Die Mustererkennung ist im Gehirn etwas so Zentrales, dass Bereiche wie Insula, Amygdala, Kleinhirn, prämotorischer Kortex, Basalganglien und Thalamus sowie parietale, temporale und frontale Bereiche daran beteiligt sind.[16] Einfach gesagt: Es findet sich kaum ein Teil Ihres Gehirns, der an der Vorhersage, was in Ihrem Leben als Nächstes kommt, *nicht* beteiligt ist.

Manchmal ist diese Fähigkeit zur Vorhersage erstaunlich hilfreich, und manchmal ein schädlicher Störfaktor. Viele Wissenschaftler verwenden, genau wie ich, ein gut erprobtes Gesichtserkennungsprogramm, das viel über die Macht der Muster aussagt. Probanden werden in einem fMRI-Scanner oder an ein EEG angeschlossen und man zeigt ihnen Bilder mit verschiedenen menschlichen Gesichtern. Manche der Probanden im Scanner sind psychisch gesund, andere haben Angststörungen oder PTBS. Manche Gesichter auf den Bildern sind fröhlich, manche ängstlich, manche wütend und manche neutral.[17] Menschen mit bestehenden Krankheiten wie Angststörungen geben an, die neutralen Gesichter als bedrohlich wahrzunehmen, während gesunde Menschen dies nicht tun. Die Gehirnaktivitäten der angstgestörten Probanden korrespondieren dabei mit ihren Angaben, man sieht, dass die Gehirnregionen aktiv sind, die für Angst und die Erkennung von Bedrohung verantwortlich sind, wie die Amygdala.[18]

Bei diesen Experimenten werden allen Probanden genau dieselben Gesichter gezeigt – es gibt also keinen Unterschied darin, wer was gesehen hat. Daraus ergibt sich eine zentrale Frage über vorbestehende Muster, die sich über dieses Experiment hinaus auswirkt: Ist die Situation, in der wir uns befinden, wirklich *objektiv* gefährlich oder beängstigend? Oder ist es nur das Gehirn, das ein Muster findet, aus dem heraus es uns etwas *vorhersagt*, was da sein sollte?

Und hier kommt nun die hoffnungsvolle Nachricht ins Spiel. Wenn Sie die Situation ändern müssen und noch nicht die nötige emotionale Macht haben, sind Ihre Chancen auf Erfolg niedrig, weil viele Situationsfaktoren tatsächlich außerhalb Ihrer Kontrolle liegen. Aber wenn Sie über die emotionale Macht verfügen, Ihre eigenen inneren Muster zu verändern, dann rückt die Erlösung in Ihre Reichweite.

Okay, lassen Sie uns jetzt darauf aufbauen. Können Sie in dem Bild irgendetwas erkennen?

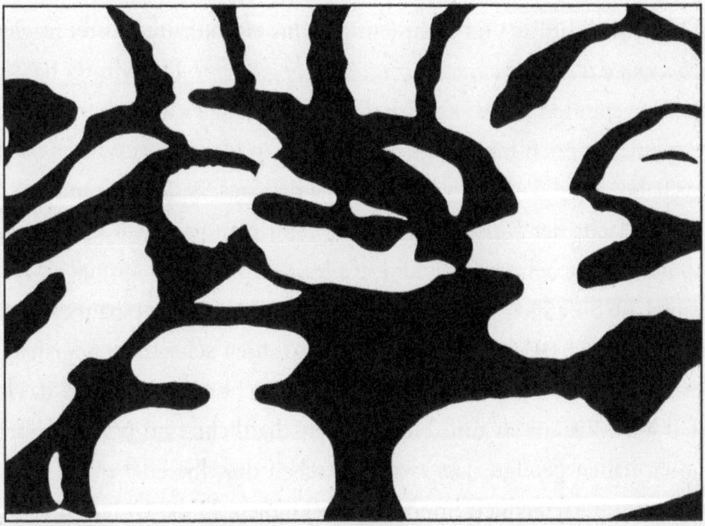

Dieses Bild, das aus der Arbeit der Neurowissenschaftlerin Dr. Lisa Feldman Barrett stammt, sieht aus wie ein bedeutungsloser Fleck.[19] Es scheint kein erkennbares Muster zu geben. Aber Sie werden bemerken, dass Ihr Gehirn sich ziemlich anstrengt, um ein Muster zu erkennen. Sie setzen dafür kognitive Ressourcen ein wie Aufmerksamkeit, Arbeitsgedächtnis, visuelles Gedächtnis und Problemlösung, doch obwohl Sie Ihr Bestes geben, können Sie das Muster noch immer nicht erkennen.

Gehen Sie nun zum Ende dieses Kapitels; was sehen Sie auf diesem Bild?

Ein klar erkennbares Objekt, oder? Ein wenig Kontrast und Oberflächenstruktur half Ihnen, das Muster zu erkennen. (Wenn Sie das Bild in Farbe sehen – es ist braun und weiß – ist der Effekt noch unmittelbarer und ausgeprägter.) Es ist ja schön und gut, dass Sie dieses Muster erkennen, aber das ist hier nicht der Punkt. Schauen Sie sich jetzt noch einmal den Fleck an. Das Wichtigste ist hier: Sie können nicht mehr das Tier *nicht* sehen. Jetzt, da Ihr Gehirn das Muster kennt, das es vorhersagt, sieht es dieses immer wieder. Mit anderen Worten: Die Fähigkeit Ihres Gehirns, etwas vorherzusagen, ist so gut, dass Ihr Gehirn noch auf kleinste, subtilste und mehrdeutige Hinweise auf alte Muster reagiert, *auch wenn das Muster aktuell gar nicht mehr gültig ist.* Das Muster hat sich objektiv verändert. Es ist empirisch gesehen weniger klar, aber Sie überinterpretieren noch immer das Muster hinein, das Sie *früher einmal* gelernt haben, und dadurch verändert sich das, was Sie *jetzt* sehen.

Die Macht der Muster im Gehirn kann man gar nicht hoch genug einschätzen. Sie beherrschen nahezu alles, was das Leben ausmacht. Zum Beispiel, ob Sie allgemein finden, Unternehmer zu sein sei spannend oder eine schreckliche Belastung; eine Ehe zu führen sei schwer oder leicht; Zeit allein zu verbringen sei entspannend oder beängstigend – all das hat mit Ihren Mustern zu tun. Neurowissenschaftliche und psychologische Studien haben gezeigt, dass zwei Menschen dasselbe erleben, es jedoch drastisch unterschiedlich interpretieren können. Diese Unterschiede im Erleben der »objektiven« Wirklichkeit kann man zum Teil durch individuelle Unterschiede im Gehirn erklären, aus der Tatsache, dass jeder Mensch ganz bestimmte vorher bestehende Muster im Kopf hat, die dazu führen, dass jeder die Bedeutung der Ereignisse anders interpretiert.

Ein extremes Beispiel für diese Tatsache ist der Traumabereich. Viele meiner wissenschaftlichen Studien befassen sich mit neurokognitiven und neuralen Verhaltensreaktionen auf Traumata und Prädiktoren für PTBS. Es überrascht Sie vielleicht, dass der stärkste Prädiktor für die Reaktionsweise eines Menschen auf ein Trauma nicht das Trauma selbst ist, sondern, wer er vor dem Trauma war.[20] Selbst in den schmerzvollsten

Situationen unseres Lebens spielen unsere vorgeprägten Muster eine wesentliche Rolle dafür, wie wir auf diesen Schmerz reagieren.

In diesem neuroenergetischen Code werde ich Ihnen zeigen, wie Sie mit Ihren vorgeprägten Mustern wirksam arbeiten können, um fast jeden Sturm unbeschadet durchzustehen. Um diese Arbeit nachhaltig wirksam zu machen, möchte ich Ihnen zunächst erklären, warum der Versuch, unser Leben zu ändern, meist scheitert. Es liegt daran, dass man versucht, die Änderung an *einer bestimmten Situation* festzumachen. Stellen Sie sich zum Beispiel Folgendes vor:

- Ein Manager macht sich Sorgen, dass sein Team zu wenig Leistung bringt, und denkt: Ich muss es nur schaffen, dass mein Team *diesen* Deal an Land zieht.
- Ein Elternteil ist frustriert über die schlechten schulischen Leistungen seines Kindes und denkt: Ich muss es nur schaffen, dass mein Kind *diese* Mathe-Prüfung gut hinbekommt.
- Eine Ehefrau macht sich Sorgen, dass ihr Mann nicht ihrer Meinung sein wird, und denkt: Ich muss es nur schaffen, dass er mit *diesem* Plan für den bevorstehenden Sommer einverstanden ist.

In jedem dieser Beispiele liegt der Fokus darauf, etwas für eine *bestimmte Situation* zu erreichen. Wenn man jedoch versucht, auf dem Situationsniveau eine Veränderung zu erreichen, wird es nicht funktionieren. Es wirkt hier keine nachhaltige Kraft, weil Ihr vorgeprägtes Muster – das Muster, das diese Situationen erst hervorgerufen hat – weiterhin besteht. Solange das vorgeprägte Muster weiterhin wirksam ist, wird es sich ständig wiederholen. Selbst wenn Sie Ihr Muster in einer Situation durchbrechen, ist es sehr wahrscheinlich, dass es in der nächsten Situation wieder hochkommen wird. Um Ihre Muster nachhaltig zu verändern, müssen Sie sie auf der *Zeitebene* und der *emotionalen Ebene* angehen. Ich zeige Ihnen, warum das so ist.

Beginnen wir mit der Zeit. Ergänzen Sie folgendes einfache Muster: Apfel. Apfel. Apfel. [Füllen Sie die Lücke aus].

Was glauben Sie, welches Wort als Nächstes kommt? Natürlich Apfel.

Eine Mustererkennung kann nur dann funktionieren, wenn die Vergangenheit die Gegenwart überlagert. Der Grund, aus dem Sie wissen, dass die Antwort »Apfel« ist, ist, dass Sie die Daten aus der Vergangenheit verwenden, um eine Leerstelle in der Zukunft auszufüllen. Diese Fähigkeit zur schnellen Mustererkennung ist großartig, wenn man schnelle Antworten braucht, aber schrecklich, wenn man einen interessanten Obstsalat machen will. Wenn Ihre vorgeprägten Muster nicht weit genug gefasst sind, um Möglichkeiten zuzulassen, die über das aktuelle Muster hinausgehen, blockieren diese Muster Ihre Weiterentwicklung.

Das Beispiel mit dem Apfel ist auch deshalb so einfach, weil es keinerlei Emotionen enthält. Die Bedeutung Ihres Lebens wird von den Emotionen bestimmt, die Sie darüber haben. Ihre Emotionen über die großen Dinge – Ihre Beziehungen, Ihr Team, Ihr Beruf, Ihre Kinder – tauchen nicht einfach aus einem luftleeren Raum ohne vergangene Bindungen auf. Sondern was Sie in jedem Augenblick empfinden, ist verknüpft mit und wird unterstützt von Ihren vorgeprägten Mustern. Wie fühlt es sich für Sie zum Beispiel an, wenn Menschen von Ihnen abhängig sind? Wie reagieren Sie meistens auf Druck? Was empfinden Sie, wenn Sie an die Zukunft denken?

Ihre vorgeprägten Muster sind auch die Erklärung dafür, dass Sie sich zum Beispiel, wenn Sie einen neuen Job beginnen, eine neue Beziehung eingehen oder in eine neue Stadt ziehen, zunächst aufgeputscht fühlen – das Gefühl haben, dass sich jetzt wirklich etwas ändert –, sich aber dann schnell wieder so fühlen wie immer. Durch das Neue bekommen Sie vielleicht einen Initialfunken für Ihre Emotionen, doch irgendwann übernimmt die Mustererkennung in Ihrem Gehirn wieder die Führung und stülpt Ihrem »neuen« Leben wieder die alten Muster über.

Mein Klient Sam hat zum Beispiel fünf Jobs in drei Jahren durchgemacht. Jedes Mal, wenn er einen Job kündigte, beklagte er sich, dass der Job zu anstrengend sei – die Anforderungen seien zu stressig, die Kollegen zu nervig und die Kunden zu anspruchsvoll. Als er sich schließlich nach seinem sechsten Job umsah, gewann er eine alles verändernde Einsicht. Obwohl er viele Male die Anstellung gewechselt hatte, waren seine Beschwerden immer dieselben: Er war es, der zu gestresst war. Sam wurde klar, dass in den vergangenen unterschiedlichen Situationen er selbst der einzige gemeinsame Nenner war. Es war die Erkenntnis, dass eine Veränderung der äußeren Situation, egal wie groß diese Veränderung wäre, an seiner inneren Energie nichts ändern konnte. Das war der Zeitpunkt, ab dem Sam begann, sich selbst auf neue Wege zu lenken, und am Ende die Erlösung fand, nach der er gesucht hatte.

Die Fähigkeit der Mustererkennung im Gehirn ist vollkommen darauf ausgerichtet, unser Überleben zu sichern. *Alles andere* ist zweitrangig. Und wissen Sie, was unser Überleben am besten sichert?

Alles, was uns bekannt und vertraut ist.

Wenn wir etwas schon einmal erlebt haben – egal wie schlecht wir uns dabei gefühlt haben –, ist es uns vertraut genug, dass unser Gehirn es als sicher einstuft, dass wir es überleben können. Das ist gut, um zu überleben, aber äußerst problematisch, um sich weiterzuentwickeln. Wie vertraut uns etwas ist, entscheidet das Gehirn nämlich nicht nach der *tatsächlichen Situation.* Ob uns etwas vertraut ist, bestimmt *das Gefühl, das eine Situation bei uns auslöst.* Zum Beispiel haben Sie schon oft einen völlig fremden Raum betreten, wo sich eine Menge Ihnen völlig fremder Menschen befand, und Sie haben innerhalb eines Augenblicks entschieden, ob Sie sich an diesem Ort sicher oder unwohl fühlen. Und das hatte fast gar nichts mit den Gegebenheiten des Raumes in der Situation zu tun – wo sich der Raum befand, wie warm oder kalt es dort war, ja nicht einmal, welche Menschen sich darin aufhielten. Es lag daran, *wie vertraut sich diese Dinge für Sie anfühlten.*

Unsere Muster werden von unseren Emotionen angetrieben. Genau wie Sam: Wenn es sich vertraut anfühlt, bei der Arbeit gestresst zu sein, werden Sie bei der Arbeit wieder dieselben Stressmuster schaffen. Wenn es sich für Sie vertraut anfühlt, in Beziehungen vom anderen enttäuscht zu werden, werden Sie das Muster, in Beziehungen enttäuscht zu werden, wieder erschaffen. Wenn es sich für Sie vertraut anfühlt, zu glauben, dass Sie für das Verhalten anderer verantwortlich sind, werden Sie das Muster, die Verantwortung für das Verhalten anderer zu übernehmen, wiedererschaffen. Um diesen Kreislauf nach unten zu durchbrechen, müssen Sie sich ein eigenes Power-Muster erschaffen.

Übung: Schaffen Sie sich Ihr neues Power-Muster

Ich nenne das neue Muster, das Ihre alten, schmerzlichen Muster upgraden wird, Ihr »Power-Muster«; seine Aufgabe ist es, Ihnen die Stärke zu verleihen, die vertrauten, aber letztlich unbefriedigenden Muster zu überwinden, die Sie aktuell davon abhalten, die Möglichkeiten Ihres Lebens auszuschöpfen. Es braucht drei Schritte, um sich das Power-Muster zu erschaffen.

Schritt 1: Machen Sie den Entwurf

Um einen Entwurf Ihres Power-Musters anzufertigen, müssen Sie zunächst verstehen, was Sie da überhaupt bauen. Dieses Muster ist ein heiliger Rahmen, das geheiligte Gerüst, das Ihr gesamtes Leben hält und stützt. Dieses Power-Muster muss groß und schön genug sein, um die kühnste und gewagteste Vorstellung Ihres Lebens zu enthalten. Stellen Sie sich das Erschaffen Ihres Power-Musters so vor, wie Sie sich den Bau Ihres Traumhauses vorstellen würden – ein so prachtvolles Gebäude, dass es Ihnen den Atem verschlägt. Es ist so perfekt, dass Sie kaum glauben können, dass es Ihres ist. Dies ist nicht der Moment, um pragmatisch oder bescheiden zu sein.

Es ist der Moment, um ein Meisterwerk zu erschaffen.

Gehen Sie sehr bewusst vor. Das Muster, das Sie jetzt erschaffen, soll kühn und weit genug sein, dass es jeden Einzelnen Ihrer Triumphe und jede Ihrer Tragödien umfasst, und es verleiht Ihnen eine bleibende Macht.

Ganz ähnlich wie bei dem Traumhaus sollten Sie das Gefühl bekommen: »Wow! In diesem energetischen Raum kann ich jetzt mein ganzes Leben führen!«

Jawohl, das ist so.

Während Sie ganz bewusst an Ihrem Power-Muster arbeiten, seien Sie zuallererst ehrlich mit sich selbst und prüfen Sie, auf welches Muster Sie meistens zurückgreifen, wenn Sie Schmerzliches erleben. Zum Beispiel, wenn Sie versucht haben, einen großen Unternehmensdeal an Land zu ziehen oder ein Haus zu kaufen, und der Deal nicht zustande kam; achten Sie einmal darauf, ob Sie dann normalerweise etwas in der Art denken: »Siehst du, bei mir klappt einfach nie etwas.« Oder wenn Sie in einer Beziehung zutiefst verletzt wurden – vielleicht hat jemand Ihnen versprochen, etwas zu tun, und es dann doch nicht getan; achten Sie darauf, ob Sie dann normalerweise denken: »Ich wusste es doch; man kann einfach keinem vertrauen« oder »Der Einzige, auf den ich mich wirklich verlassen kann, bin ich selbst.«

Diese Muster bestimmen derzeit Ihr Leben.

Ihr Leben kann sich nur bis an die Grenze Ihrer Muster ausdehnen. Sie werden ein Gefühl, für das Sie noch kein Muster als Grundlage gebildet haben, nicht langfristig aufrechterhalten können. Wenn die Muster, die Ihre Grundlage bilden, Sie Dinge zurückweisen lassen, die sich zu schön, zu erfolgreich oder zu intim anfühlen, werden Sie diese Dinge zurückweisen, selbst wenn sie in Ihrem Leben auftreten.

Denken Sie einmal an die Dinge in Ihrem Leben, die Ihnen regelmäßig Schmerz bereiten. Es liegt wahrscheinlich daran, dass Ihre Muster zu klein sind für die Rolle, die Sie gerne spielen würden. Um eines der genannten Beispiele zu verwenden: Wenn Sie ein Muster haben, das besagt: »Der einzige Mensch, auf den ich mich wirklich verlassen kann, bin ich selbst«, dann wird dieses Muster Ihre Fähigkeit vereiteln, ein großes Unternehmen aufzubauen, ein großes Team zu leiten oder einen quirligen Haushalt zu führen. Man kann kein großes Projekt durchführen, wenn man nicht auf andere vertrauen kann. Es scheint vielleicht kontraintuitiv, aber je mutiger Ihr Muster ist, desto *sicherer* sind Sie, weil das mehr Raum schafft, damit Sie all Ihre Energien aufrechterhalten können – die angenehmen und die schmerzlichen.

Entwerfen Sie ein Muster, durch das Sie sich extrem ausdehnen können – zu mehr Möglichkeiten, mehr Selbstvertrauen und mehr Schönheit als je zuvor. Denken Sie sich dazu ein Wort, einen Slogan oder einen einfachen Satz aus, durch den Sie sich so bestärkt fühlen, dass es, wenn Sie die Energie tatsächlich in sich hätten, die Sie mit diesen Worten meinen, fast nichts in Ihrem Leben gäbe, das Sie nicht schaffen könnten.

Hier ein paar Beispiele aus meiner Arbeit mit Menschen, die dabei waren, eine stärkere Version von sich selbst aufzubauen:

Ich bin mein größtes Kunstwerk.

Ich bin wertvoll, weil ich ich bin.

Ich habe alles, was ich brauche.

Es ist kein Versagen; es ist Feedback.

Mir gehen die Möglichkeiten nie aus.

Ich bin meiner Zeit voraus.

Ich bin stark genug, um missverstanden zu werden.

Ich bin auf diesem Planeten, um dieses Projekt zu leiten.

Ich bin mein eigener Held.

Ich bin jetzt schon bereit.

Ich kann es nicht wirklich falsch machen.

Ich kann die Kreativität nicht kaputt machen.

Ich suche nicht nach der Antwort; ich bin die Antwort.

Das Leben findet für mich statt.

Dieser Schmerz macht mich bereits stärker.

Alles trägt dazu bei, dass ich stärker werde.

Mein Leben ist eine Mutprobe.

Es gibt immer einen Weg.

Ich bin genau im Zeitplan.

Freude im Körper spüren

Alles ist bereits gut.

Unendliche Möglichkeiten

Bis an den Rand der Schöpfung

Mein Wert ist mir angeboren.

Mein großartigstes Werk ist, mich selbst zu fördern.

Göttliche Liebe

Um zu sehen, wie das Muster in der praktischen Anwendung funktioniert, betrachten wir den Fall von Anabelle. Sie war eine umfassend gebildete Frau, mit einem Master und einem Doktortitel in Molekularbiologie, und sie arbeitete an einer Ivy-League-Universität. Sie hatte ihr Leben lang klassischen Tanz praktiziert und ihre Zwischenprüfung hatte sie in Kunst abgelegt. Seit sie ein kleines Mädchen war, hatte Anabelle den großen Traum, eine Heilerin zu sein, die Medizin und Tanz kombinierte. Als Erwachsene hatte sie eine Elite-Ausbildung erworben, um modernste Wissenschaft mit einer Form der Heilkunde, wie zum Beispiel dem Tanz, zu verbinden.

Anabelle gründete eine Organisation mit dem Ziel, ihre innovative Therapieform umzusetzen. Ihre Organisation wuchs zwar, doch der Erfolg stellte sich nicht so schnell ein, wie Anabelle sich vorgestellt hätte. Ihre größte Frustration war, dass andere ihre Organisation nicht in dem Maße unterstützten, wie sie es erhofft hatte.

Als sie mich aufsuchte, war sie an dem Punkt, dass sie ihren Traum aufgeben wollte. Anabelle und ich redeten darüber, was Führungsqualität für sie bedeutete. Wir achteten ganz genau auf das zugrunde liegende Muster, von dem ihr Wunsch aufzugeben kam. Anabelle stellte fest, dass ihr zentrales Muster, das allem zugrunde lag, lautete: »Niemand versteht mich.« Es ist völlig in Ordnung, frustriert zu sein, wenn man das, was man will, nicht so schnell bekommt, wie man sich das vorstellt. Aber man muss eine kraftvolle Interpretation der Dinge haben, um stark genug zu sein, an seinen Träumen festzuhalten, wenn der Sturm aufkommt. Anabelle trug einen großen Traum in sich, den sie wieder anfachen konnte, wenn sie ein Power-Muster hätte.

Anabelle war eine Pionierin – niemand sonst auf der Welt tat genau das, was sie tat. Alles, was sie brauchte, war ein stützender Rahmen, der ihr half, die Widerstände auszuhalten, die unvermeidlich sind, wenn man ein echter Pionier ist. Als Power-Muster wählte sie »Ich bin meiner Zeit voraus«.

Schritt 2: Probieren Sie es aus

Haben Sie einmal Ihr Power-Muster geschaffen, ist es Zeit, es in der Realität einem Stresstest zu unterziehen. Dabei sollten Sie sich fragen: Verschafft es Ihnen ein Gefühl von Stärke in Situationen, die Ihnen früher Schmerz zugefügt haben? Im Fall von Anabelle läutete das Power-Muster eine neue Ära ihrer Leadership-Fähigkeiten ein. Sie empfand den Widerstand anderer Menschen nun nicht mehr als unerträgliche Zurückweisung. Die Weiterentwicklung von »Niemand versteht mich« hin zu »Ich bin meiner Zeit voraus« war für sie so bedeutend, dass sie aufhörte, den Widerstand der anderen als persönliche Zurückweisung zu interpretieren, sondern ihn als Beweis dafür sah, dass sie ihnen voraus war. Mit dem neuen Muster ausgestattet sah sie sich nun als Visionärin, zu deren Aufgaben es gehörte, anderen Ideen näherzubringen, die sie noch nicht verstanden.

Schritt 3: Wiederholen Sie es

Wenn Sie älter als ein Jahr sind, haben Sie wahrscheinlich schon ziemlich lange nach Ihren Mustern gehandelt. Seien Sie nachsichtig mit sich selbst. Eine gute Möglichkeit, diese Nachsicht zu zeigen, ist, sich der Wiederholung zu verschreiben. Muster bestehen nur durch ihre Wiederholung und Wiederholung ist der Meister des Gehirns.

Die gute Nachricht ist, dass das Gehirn neuroplastisch ist, das heißt, es ist in der Lage, alte Muster auszusortieren, die Ihnen Schmerz zufügen, und neue, heilende hereinzulassen.[21] Das Schöne an der Wiederholung ist, dass sie Sie von dem Druck befreit, »es sofort richtig machen zu müssen«. Die Wiederholung bietet Ihnen jede Menge Gelegenheiten, mit dem Kunstwerk herumzuexperimentieren, das Ihr eigenes, einziges Leben ist. Wenn Sie Ihr Leben bisher aufgrund von Mustern geführt haben, die Ihnen nicht viel helfen, ist das kein großes Problem. Es ist nie zu spät, denn unser Leben gewährt uns eine ganze Menge Gelegenheiten, es wieder und wieder zu versuchen.

Anabelle begann wirklich zu verstehen, dass ihre Kraft in ihrer *emotionalen Energie* liegt, und nicht in jeder *einzelnen Situation*. Mit diesem Bewusstsein achtete sie *jedes Mal* genau darauf, wenn sie anfing, das Gefühl zu haben, dass »niemand sie versteht«. Wenn die emotionale Energie umsprang, atmete sie in ihren Widerstand hinein und brachte sich selbst behutsam dazu, das Festhalten an einer alten Geschichte zu lösen, die ihr nur Schmerz zufügte.

Während sie ihre alten Muster mehr und mehr losließ, war sie mehr und mehr in der Lage, nach etwas Größerem zu streben. Wenn sie jetzt wieder einmal eine Absage auf einen Fördermittelantrag bekam, wenn ihre akademischen Kollegen ihre Arbeit nicht verstanden, wenn sie sah, wie die anderen Fachkollegen schon wieder befördert wurden, und sogar wenn ihre Mutter ihre Enttäuschung darüber äußerte, welchen Berufsweg sie sich ausgesucht hatte, erinnerte sich Anabelle, dass sie, wenn sie wirklich ihrer Zeit voraus war, ihren Erfolg nicht an konventionellen Meinungen und traditionellen Systemen festmachen konnte. Als ihre Mutter sie zum x-ten Mal fragte, »warum sie sich nicht einfach einen normalen Job im Klinikum suchte, wie ihr Cousin Douglas«, begann sie, ihrer Wut freien Lauf zu lassen. Doch anstatt ihre Mutter verzweifelt anzuschreien, fokussierte sie ihre Energie nun darauf, über große Pioniere der Vergangenheit nachzudenken. Besonders inspirierend fand sie das Durchhaltevermögen Thomas Edisons. Er hatte an *mindestens* 3000 unterschiedlichen Theorien gearbeitet, um das elektrische Licht zu entwickeln.[22] »Wie waren wohl die Gespräche mit *seiner* Mutter?«, fragte sich Anabelle. »Nein, Mama! Die anderen 2999 Versuche sind mir egal! Ich sage dir: Diesmal habe ich es!«

. . .

Egal, wo Sie im Leben stehen – egal, was Sie erlebt haben oder wie viel Zeit Sie Ihrer Meinung nach verloren haben – es ist immer noch Zeit und Raum, um sich weiterzuentwickeln. Immer.

Wenn Sie Ihr Leben als permanentes Kunstprojekt betrachten, an dem Sie ständig arbeiten, ein dynamisches Kunstwerk, das sich *unaufhörlich* weiterentwickelt, befreien Sie sich aus dem Würgegriff der Zeit. In der Arbeit mit meinen Klienten und Patienten erinnere ich diese oft daran, dass wir uns auf einer Reise ohne festgelegtes Ziel befinden. Wenn Sie den Druck dieses Ziels herausnehmen – wenn Sie die Fixierung lösen, dass Sie irgendwo anders sein müssten, als Sie es sind –, passiert etwas Grundlegendes: Sie gewinnen die Freiheit, sich voll und ganz auf Ihr Leben einzulassen, genau wie Sie sind, genau wo Sie sind. Und dies ist der Ort – der einzige Ort –, an dem eine nachhaltige Transformation jemals stattfinden kann.

Auf diesem Bild können Sie die Schlange deutlich erkennen.

Code 3: Machen Sie sich Ihre emotionale Energie zunutze

Wie Sie in den schwierigsten Situationen Ihre tiefsten Emotionen einsetzen

Im letzten Code, »Schaffen Sie sich Ihr Power-Muster«, habe ich Ihnen erklärt, dass Ihr Gehirn eine Mustererkennungsmaschine ist. Und was treibt diese Maschine an?

Emotionen.

Emotionen sind, ganz buchstäblich, unsere erste Sprache – die Art, wie man seine Wünsche kommuniziert, von dem Moment an, in dem man geboren wird. Es sind primitive, rohe, direkte neurale Energieblitze, die wir physisch empfinden. Und durch ihre Kraft können Emotionen verwirrend sein. Zum Beispiel *wissen* wir, dass der Kommentar nur ein Witz war, aber warum *fühlen* wir uns dann verletzt? Wir *wissen*, die E-Mail war keine große Sache, aber warum *fühlen* wir uns dann so verärgert? Wir *wissen*, was unser Chef, Partner oder Freund neulich gesagt hat, war gar nicht so bedrohlich, aber warum *fühlen* wir dann Angst?

Dass es oft so schwierig ist, die eigenen negativen Emotionen zu verstehen, liegt hauptsächlich daran, dass wir verwirrt sind und nicht wissen, wo die wahre Quelle des Schmerzes liegt. Und es ist ziemlich klar, dass niemand emotional besonders stark ist, wenn er verwirrt ist.

Der Sinn dieses neuroenergetischen Codes ist, Ihre emotionale Stärke dramatisch zu steigern, indem er Ihnen zeigt, wie Sie mit einer bestimmten emotionalen Energie umgehen können, die in Ihrem Leben ganz besonders schmerzlich ist. Diese emotionale Energie ist so stark, dass sie die Wurzel von fast jedem emotionalen Schmerz ist, den Sie erleben.

Diese Emotion ist die Demütigung.

Wie wir schon früher erklärt haben, gibt es eine enorme Bandbreite an Begriffen für emotionalen Schmerz: Angst, Stress, Furcht, Frustration, Wut, Kummer oder Ärger sind nur einige davon.[23] Doch auch wenn sie alle auf ihre Weise schmerzlich sind, ist die Demütigung im Allgemeinen schmerzlicher als der Rest. Dieser neuroenergetische Code zeigt Ihnen, wie Sie speziell mit der Energie der Demütigung arbeiten können.

Der Baum des Schmerzes

Die Energie der Demütigung ist stark und universell und sie ist für viele schmerzliche Situationen in Ihrem Leben verantwortlich. Um Ihnen zu zeigen, wie diese Energie funktioniert, habe ich ein Modell namens »Baum des Schmerzes« geschaffen. Ich zeige Ihnen nun, wie er funktioniert, und dann, wie man ihn anwendet, indem ich mit Ihnen das Beispiel eines Klienten durchgehe.

Der Baum des Schmerzes stellt den emotionalen Schmerz in Ihrem Leben dar. Wie jeder Baum hat er Wurzeln, einen Stamm und Blätter.

Man wünscht sich natürlich, dass ein Baum gesund und vital ist. Aber es gibt Zeiten, in denen es Ihrem Baum nicht gut geht. Immer wenn Sie sich schlecht fühlen, wissen Sie, dass Ihr Baum Probleme hat. Um herauszufinden, was Sie plagt, sehen wir uns den Baum einmal an.

Die Blätter

In dieser Analogie stehen die Blätter für die einzelnen *Situationen*, in denen Sie eine negative Emotion erleben. Zum Beispiel, wenn Sie eine Deadline haben, die kurz bevorsteht, und Sie das stresst, ist das ein Blatt. Wenn Sie ein Foto in den sozialen Medien sehen, das Sie eifersüchtig macht, ist das ein Blatt. Wenn Michelle nicht Ihrer Meinung ist, Danny nicht tut, was er versprochen hat, Ihr Kind im Supermarkt einen Anfall bekommt oder Ihr Ehepartner Ihnen unaufgefordert einen Vortrag über richtige Erziehung hält, sind das alles Blätter.

Wir alle neigen dazu, uns auf die Blätter zu fokussieren. Im Baum des Schmerzes stehen die Blätter für *bestimmte Situationen* – einzelne Vorkommnisse in Ihrem Leben. Wenn Ihre Gefühle verletzt wurden, beschreiben Sie reflexartig die Einzelheiten der *Situation*: »Du hast doch gesagt, es wäre bis Dienstag erledigt.« Oder: »Es sollte doch nur eine halbe Stunde dauern und jetzt sind es schon drei Stunden!« Oder: »Sie haben dem Kunden doch versprochen, die Lieferung würde gestern eintreffen.« Oder: »Du sagst immer, dass du die Spülmaschine ausräumst, aber du tust es nie!« Sie verstehen, was ich meine.

Unser Leben findet natürlich in Situationen statt, eine nach der anderen, aber unsere nachhaltige Kraft liegt nicht in den Situationen; sie liegt in unseren Emotionen. Wenn Sie Schmerz empfinden, deuten Sie gern auf die Situationen in Ihrem Leben als Ursache für den Schmerz, aber *Ihre Situationen sind niemals die Ursache für Ihren Schmerz.* Ihre Emotionen zu diesen Situationen verursachen Ihren Schmerz. Noch mal, das hier ist keine Semantik; es ist Neurobiologie. Wenn Sie durch eine Situation keine Schmerz-Energieströme hätten, hätten Sie kein Problem. Schmerzliche Situationen sind notwendigerweise das Ergebnis schmerzlicher Emotionen. Wenn Sie die Situation über Ihre Emotionen stellen, verschenken Sie paradoxerweise einen Großteil Ihrer Macht.

Weil Ihr Gehirn Muster bildet, haben Sie das Muster entwickelt, den Einzelheiten der Ereignisse mehr Aufmerksamkeit zu schenken als Ihren

Gefühlen dazu. Aber wenn Sie sich immer wieder nur auf die einzelnen Situationen fokussieren, verschwenden Sie Ihr ganzes Leben damit, sich auf die Blätter zu konzentrieren. Und jetzt passen Sie auf: Sie müssen kein Baumspezialist sein, um zu verstehen, dass man einem kranken Baum nicht hilft, wenn man jedes Blatt einzeln durchgeht. Das ist Wahnsinn!

Lassen Sie die Blätter los.

Nutzen Sie den Mut, der in Ihnen schlummert, um etwas zu tun, was die Muster zerschlägt: Hören Sie auf, über einzelne Situationen nachzudenken und fangen Sie an, über die wesentlicheren emotionalen Energieströme nachzudenken, die diesen Situationen zugrunde liegen.

Der Stamm

Die Blätter *veranschaulichen* nur, wie gesund Ihr Baum ist. Der Stamm ist viel wichtiger für die eigentliche Gesundheit Ihres Baumes.

Im Stamm Ihres Schmerz-Baumes gibt es keine einzelnen Situationen mehr. Dort gibt es nur emotionale Energieströme, die neurologischen Empfindungen, die Sie in Ihrer Situation steuerten: elektrische Impulse und Blitze von Wut und Frustration. Der Stamm enthält eine bestimmte emotionale Energie: Wut. Wie ich schon sagte: Welche Begriffe Sie verwenden, ist hier unerheblich. Sie könnten Ihre Energie der Wut auch als Ärger, Frust, Zorn, Irritation, Ungeduld und so weiter bezeichnen. Das alles ist dieselbe Energie.

Die Energie der Wut ist paradox. Sie schafft die Illusion von Stärke – sie scheint stark zu sein, hat aber oft überhaupt keine Wirkung. Als Neuropsychologin behandle ich regelmäßig Menschen, die furchtbare Traumata erlitten haben, und dabei erlebe ich oft, dass chronische Wut, eine extrem häufige und verständliche emotionale Reaktion, sehr schnell in eine emotionale Sackgasse führt. Die Menschen werden immer wieder wütend und versuchen, damit irgendwie etwas zu ändern, aber dennoch bessert sich dadurch nichts in ihrem Leben. Die Fokussierung auf Wut kann die ersehnte Veränderung nicht herbeiführen, weil sie nicht die Quelle des Schmerzes ist. Die Quelle ist die Angst. Der einzige Grund, aus dem Sie wütend werden, ist, dass Sie etwas schützen wollen, von dem Sie *Angst* haben, es zu verlieren.

Wenn jemand in Ihr Haus einbricht, wären Sie natürlich wütend. Die Wut aktiviert Sie dazu, sich gegen jemanden zu verteidigen, der Ihr Eigentum stiehlt oder die Menschen verletzt, die Sie lieben. Aber Sie können nicht wütend sein – egal ob leichte Irritation oder ausgewachsener Wutanfall –, wenn Sie nicht zuerst vor etwas Angst haben. Wut wird oft der Angst vorgezogen, weil Wut sich wie ein Schutz anfühlt, während sich Angst so anfühlt, als sei man hilflos ausgeliefert. Doch allein die Gefühle der Wut werden Ihre emotionale Kraft nicht erhöhen.

Sehen wir uns den Fall von Jesse an. Als Jesse mich aufsuchte, war sie fürchterlich wütend auf eine Kollegin. Einerseits beklage Jesse, dass sie diese Kollegin »nervig« und »übertrieben ehrgeizig« fand, andererseits musste sie zugeben, dass die meisten anderen Mitarbeiter diese Kollegin mochten. Jesse war gefangen in einer Dauerschleife aus Wut und Ärger, bis wir tiefer gruben. Dabei begann sie zu verstehen, dass die Energie ihrer Wut – ihre Verärgerung und Genervtheit – sie vor ihrer Angst schützte. Jesses Kollegin war aufgeweckt und produktiv und Jesse merkte, dass sie Angst hatte, ihre Kollegin würde sie überholen und noch vor ihr selbst befördert werden. Erst als wir das wahre emotionale Ziel identifiziert hatten, waren wir in der Lage, Jesses Situation so zu verschieben, dass sie emotional stärker wurde.

Betrachten Sie einmal folgende Beispiele in Ihrem eigenen Leben:

- Werden Sie manchmal *wütend*, wenn jemand nicht Ihrer Meinung ist? Dann ist die Wahrscheinlichkeit hoch, dass Sie *Angst* haben, inkompetent zu wirken, als würden Sie nicht wissen, wovon Sie reden, und dass Sie befürchten, die anderen könnten Sie für nicht gut oder klug genug halten.
- Sind Sie manchmal *frustriert*, weil sich Ihre Kinder in der Öffentlichkeit schlecht benehmen? Die Wahrscheinlichkeit ist hoch, dass Sie *Angst* haben, ihr Verhalten könnte für Sie peinlich sein oder ein schlechtes Licht auf Sie werfen.

- Werden Sie manchmal *wütend* auf Ihren Partner, und zwar mehr, als der eigentliche »Fehltritt« rechtfertigen würde? Sind Sie zum Beispiel extrem frustriert, wenn er etwas nicht so macht, wie Sie es wollten? Es ist die tiefer liegende *Angst*, von dem einen Menschen auf der Welt nicht verstanden zu werden, der Sie doch verstehen sollte, die meistens diese Art wütender Interaktion mit Ihrem Partner hervorruft.

Was es auch immer ist, Ihre Wut ist dazu da, um das zu verteidigen, was Sie auf einer tieferen Ebene zu verlieren fürchten. Dies bringt uns zu der sehr zentralen Frage: Was liegt unterhalb der Wut?

Die Wurzeln

Wie gesagt, Angst. Die Angst wohnt in den Wurzeln Ihres Baumes. Die Wut loszulassen und zuzugeben, dass es darunter eine viel fundamentalere Angst gibt, erfordert enorm viel Mut. Wenn ich jedoch mit Klienten arbeite, die den Schutzschild der Wut mutig fallen lassen und in ihre Angst hineingehen, machen sie meist den häufigen Fehler, dass sie annehmen, die Situation würde die Angst *verursachen*. Sie sagen zum Beispiel:

- Ich befürchte, wenn ich über diese Situation in der Arbeit spreche, wird mich mein Chef kritisieren.
- Ich habe Angst, dass meine Frau mit den Plänen nicht einverstanden sein wird, die ich fürs Wochenende gemacht habe.
- Ich fürchte, wenn ich dieses spezielle Programm herausbringe, wird es keiner kaufen.
- Ich habe Angst, dass die Leute mich für dumm halten, wenn ich diesen Post in die sozialen Medien setze.
- Ich habe Angst, dass mein Team in diesem Meeting findet, ich sei nicht schlau genug.
- Ich habe Angst, zu viel an diesem Projekt zu arbeiten.
- Ich habe Angst, diesen Job zu verlieren.

Wenn Sie darauf achten, merken Sie, dass all diese Aussagen eine schleichende Rückkehr zu den Blättern sind. In dem Moment, wo Sie die Angst an einer *Situation* festmachen – wenn Sie sagen: »Ich habe Angst, *diesen* einen Job zu verlieren«, »Ich befürchte, dass *diese* Leute *dieses* bestimmte Ding tun werden« –, haben Sie sich wegbewegt von der souveränen Kraft Ihrer emotionalen Energie und sind, ohne es zu merken, wieder zurückgefallen in die Einzelsituationen der Blätter.

Ihre Grundangst ist *nie auf eine bestimmte Situation zurückzuführen*. Sondern Ihre Grundangst ist eine Energie. Noch genauer: Ihre Grundangst ist die Angst vor der Energie der Demütigung. Es ist das Gefühl der Demütigung – die Art und Weise, wie sich diese Energie in Ihrem Körper anfühlt –, das für die meisten schmerzlichen Situationen in Ihrem Leben verantwortlich ist. Das Gefühl der Demütigung ist so stark, dass man nicht einmal wirklich gedemütigt *werden* muss, damit es aktiviert wird; man muss nur Angst haben, man *könnte* gedemütigt werden. Synonyme von Demütigung sind unter anderem Unwürdigkeit, Scham, Verlegenheit, Unbeholfenheit, Schuld und Selbstzweifel. Genau wie die Synonyme für Schmerz beschreiben sie alle dieselbe Energie. Ob jemand sagt, er fühlt sich gedemütigt oder er schämt sich – das Gehirn tut dabei genau dasselbe. Ich verwende das Wort Demütigung, weil meiner Erfahrung mit meinen Klienten nach dies das kraftvollste Wort ist.

Dieses Wort hat eine so starke Energie, dass es Ihnen vielleicht sogar schwerfällt, es zu lesen. Achten Sie einmal darauf, ob Sie irgendwelche reflexartigen Reaktionen haben, allein auf die Vorstellung hin, dass es Dinge in Ihrem Leben geben könnte, durch die Sie gedemütigt wurden. Vielleicht schieben Sie den Gedanken ganz schnell weg und sagen, in Ihrem Leben gebe es nichts, durch das Sie gedemütigt würden. Doch weil die Energie der Demütigung so furchtbar schmerzlich ist, wird Ihr Gehirn wachsam auf den leisesten Hinweis, dass Sie sich möglicherweise gedemütigt fühlen könnten, achten – nicht, dass Sie sich wirklich gedemütigt fühlen *werden*, sondern dass eine winzige Möglichkeit besteht, dass Sie sich gedemütigt fühlen *könnten*. Mit anderen Worten, die Demütigung –

ebenso wie die Angst vor Demütigung – ist die Grundenergie, die Ihren gesamten Baum des Schmerzes durchzieht.

Erinnern Sie sich an etwas, was Ihnen passiert ist und für Sie etwas peinlich oder unangenehm war. Ich erzähle Ihnen einen meiner peinlichen Augenblicke. Ich bin klein, also habe ich Rednerpulte noch nie gemocht. Ich erinnere mich an einmal, als ich am Rednerpult stand, um meine Rede vorzubereiten, und der Organisator der Veranstaltung – der ein Mikrofon trug – mich bat, aufzustehen, und ich musste ihm sagen: *Ich stehe ja schon.*

Natürlich brach der ganze Saal in Gelächter aus und ich war mir ziemlich sicher, dass dies ein völlig legitimer Grund war, um fortan im Wald zu leben und sich selbst zu versorgen.

Diese Augenblicke, die wir peinlich oder unangenehm nennen, sind wie Warnschüsse, die durch die Luft fliegen und drohen, unser Selbstwertgefühl zu durchlöchern. Als ich dort hinter dem Pult stand, schwächte das Gelächter des Publikums mein Selbstwertgefühl und ich dachte: *Siehst du, du bist einfach ein Witz.*

Wir alle machen solche Gefühle durch, mal mehr, mal weniger. Aber wenn diese schmerzlichen Gefühle uns treffen, sind wir oft haltlos und verloren, wie ein Schiff in einem Meer endloser Panik. In dieser Panik greifen wir nach dem Nächsten, was sich uns bietet: die Blätter. Aber die Erlösung liegt in den Wurzeln. Um diese Gefühle zu überwinden, müssen wir ergründen, was unter der einzelnen Situation liegt, und uns voll und ganz der Energie zuwenden, die diese Gefühle aufkommen lässt. Es ist ein Akt von enormer Stärke, diese schmerzlichen Gefühle sowohl anzuerkennen als auch mit ihnen zu arbeiten.

Für mich ist die Paartherapie der Ort, an dem sich am deutlichsten zeigt, wie Emotionen der Wut, zum Beispiel Frustration oder Missachtung, in Wahrheit die verletzlich machende Energie der Demütigung verbergen. Wenn Paare die Therapie beginnen, wollen sie erst einmal den Schmerz loswerden, den sie über den jeweils anderen aufgestaut haben: Er hört nie zu. Sie ist zu kontrollierend. Er ist schlampig. Sie schläft zu viel. Er wird immer gleich laut. Sie braucht eine Therapie.

Unter jedem dieser scharfen Kritikpunkte liegt eine zarte Sehnsucht nach Verbundenheit. Wenn ein Partner zum anderen genervt sagt: »Kannst du vielleicht einmal das Handy in Ruhe lassen?«, dann ist das oft ein Schrei nach Verbundenheit – wenn auch ein emotional unintelligenter.

Was der Partner wirklich meint, ist: »He, ich vermisse dich. Vermisst du mich auch?« Aber diese Frage zu stellen würde bedeuten, sich verwundbar zu machen. Das Gehirn, das stets empfindlich auf die leiseste Möglichkeit von Demütigung reagiert, rechnet damit, dass hier die totale Demütigung eine sehr reale Möglichkeit ist. Was wäre, so warnt Ihr Gehirn, wenn Ihr Partner Sie nach solch einer verwundbar machenden Offenheit zurückweist – Sie anfaucht, sich weigert, das Handy wegzulegen oder, noch schlimmer, Ihnen sagt, dass er Sie nicht vermisst. Es ist daher eine Abwehrstrategie, sich vor einer potenziell demütigenden Zurückweisung des Partners zu schützen, indem man die Interaktion aus einer defensiven Haltung heraus beginnt: »He, hör mal auf, auf dein Handy zu starren!«

Aber unser Gegenüber spiegelt unsere Energie wider. Anstatt unseren Partner dazu zu bekommen, sein Handy wegzulegen und uns seinen liebevollen Blick zuzuwenden, reagiert er dann meist auf ähnlich defensive Weise, indem er kurz angebunden sagt: »Nein«, genervt die Augen rollt oder zurückschnauzt: »Kümmere dich doch um deinen eigenen Kram.« Die Wandlung zu Stärke und Heilung beginnt bei den Paaren, wenn sie erkennen, dass unter der Streitsucht eine zärtliche Wertschätzung und Verbundenheit liegt, zusammen mit der universellen Angst, zurückgewiesen und damit gedemütigt zu werden.

Wenn beide Partner bereit sind, aufrichtig mit ihren wahren Energien zu arbeiten, findet die Transformation in Lichtgeschwindigkeit statt. Doch nur wenn sie stark genug sind, um mit dieser schmerzlichen Energie zu arbeiten, können sie ihre Situation verändern.

Ich weiß – aus meinem Beruf, aber auch meinem Privatleben –, wie sehr Demütigung schmerzt. Deshalb versuchen wir ja auch so verzweifelt, sie zu vermeiden. Aber wenn Sie von vornherein vor Ihrer Energie der Demütigung davonlaufen, können Sie deren schmerzlichen Einfluss auf Ihr Leben niemals auflösen. Es gibt zwei zentrale Gründe, warum Sie verstehen sollten, wie die Energie der Demütigung funktioniert.

Erstens, unbehandelte Demütigung ist deshalb so gefährlich, weil nur sie die Integrität des guten Ichs zerstört. Mit anderen Worten, *nur die Demütigung kann Ihnen die Kraft nehmen.* Trauer nimmt Ihnen nicht die Kraft; Wut nimmt Ihnen nicht die Kraft; Frustration nimmt Ihnen nicht die Kraft; nicht einmal Angst nimmt Ihnen die Kraft. Nur die Demütigung zerstört Ihren Glauben daran, dass Sie stark – oder wertig – genug sind, um einen Anspruch auf *irgendetwas* Gutes zu haben: Liebe, Aufmerksamkeit, Komplimente, Sicherheit, Erholung, Wohlstand. Wenn Sie nicht in der Lage sind, ein Minimum von all diesen Dingen zu bekommen, wird Ihr Leben sehr schmerzerfüllt sein. Und genau deshalb ist Ihr Gehirn so wachsam und bekämpft alles, was Sie *eventuell* demütigen *könnte.*

Zweitens hat es etwas Demütigendes, zuzugeben, dass man sich gedemütigt fühlt. Die meisten Menschen nehmen es nicht wahr oder geben es nicht zu, dass sie sich durch jemand anders gedemütigt fühlen. Da ich regelmäßig mit Teams, Paaren und Familien arbeite, die unter enormem Schmerz leiden, kann ich Ihnen sagen, dass die Demütigung einen ganzen »Rattenschwanz« aller möglichen Arten von schmerzlichen Situationen nach sich zieht, die – aus der Sicht des Laien – so aussehen, als hätten sie absolut nichts mit Demütigung zu tun, dabei haben sie *alles* damit zu tun.

Zum Beispiel nahm ein Führungsteam eine »kleinere Neuorganisation« ihres HR-Teams vor, wie sie es nannten. Niemand wurde entlassen und niemand musste umziehen. Die hauptsächliche Veränderung lag darin, dass die Mitarbeiter zu neuen Teams zusammengeschlossen und in neuen Büros untergebracht wurden. Sie können sich die Überraschung der Führung vorstellen, als das, was sie für eine unwesentliche Änderung gehalten hatten, das ganze Büro auf den Kopf stellte. Eine der Führungskräfte sagte: »Die Leute spielten total verrückt. Man hätte meinen können, es sei jemand gestorben. Jeder war aufgebracht – und das wegen gar nichts!«

Als ich mit den Mitarbeitern sprach, wurde klar, dass es eben nicht »nichts« gewesen war. Sie beschrieben es aus ihrer Sicht als überraschende und schlecht kommunizierte Änderung, die sie als »respektlos« und »verstörend« empfanden. Ein Mitarbeiter sagte: »Sind die nie auf die Idee gekommen, mit uns zu reden? Es ist, als würden wir gar nicht zählen.«

Welche Energie produziert ein Mangel an Respekt immer? Demütigung.

Wenn die Führungskräfte die Kräfte der emotionalen Energetik gekannt hätten – die vorhersehbaren Wege der emotionalen Energien in Beziehungen –, dann hätten sie diese stressige Situation vorhersehen und vermeiden können. Hätten sie die Emotionen zuerst überprüft, hätten sie es besser machen können.

Vielleicht finden Sie immer noch, meine Behauptung, dass Demütigung die Wurzel aller schmerzlichen Emotionen sei, führe zu weit. Um dies zu verdeutlichen, führe ich nun zwei Beispiele an, die bewusst sehr unterschiedlich sind: Mitarbeiterengagement und Kriegsveteranen.

Beginnen wir mit dem Mitarbeiterengagement. Einer der besten Prädiktoren für Mitarbeiterengagement ist nicht das Gehalt, kein Bonus, Titel oder sonstige Vergünstigungen. Es ist die Tatsache, dass der Angestellte glaubt, er sei wichtig in seinem Job, und dass dieser Job ihm wichtig ist.[24] Aber warum sollte es so viel ausmachen, wenn jemand seinen Job zwar bedeutungslos findet, aber zum Beispiel gut dafür bezahlt wird?

Es ist so: Wenn ich in einem Job arbeite, den ich letztlich nicht für wichtig halte, dann vergeude ich meine Zeit und Energie mit etwas, das für mich bedeutungslos ist. Je mehr ich die einzigartigen Tage meines Lebens für etwas hergebe, das ich als bedeutungslos einstufe, desto mehr arbeite ich gegen den Wert meines eigenen Lebens. Ich habe mich selbst verraten – mich selbst von mir abgespalten, indem ich mich zwinge, etwas zu *tun*, was *ich* für wertlos halte. Der Begriff Demütigung bedeutet, den Wert eines Menschen herabzusetzen. Wenn ich die Person bin, die permanent gegen mein eigenes Wohlbefinden arbeitet, dann ist das ein demütigender Akt des Selbstverrats. Meine eigenen Handlungen setzen meinen eigenen

Wert herab. Keine noch so hohe Geldsumme kann den inneren Schmerz ausgleichen, der mit einem so erheblichen Selbstverrat einhergeht.

Die Demütigung wirkt so universell und stark, dass ich ihr in meiner Arbeit regelmäßig begegne. Als ich begann, mit Veteranen zu arbeiten, nahm ich an, deren schlimmste Angst wäre die Angst vor dem Tod. Das schien mir logisch. Aber das bekam ich nicht zu hören. Stattdessen hörte ich von Veteranen aus deren Kriegserfahrungen, dass die schlimmsten Ängste waren,

- derjenige zu sein, wegen dem die Mission gescheitert ist,
- derjenige zu sein, auf den sich andere nicht verlassen konnten,
- derjenige zu sein, der der Schwächste in der Gruppe ist.

Mit anderen Worten, sie berichteten, dass sie die Angst vor Demütigung mehr fürchteten als den Tod.

Sie erinnern sich: Die allererste Funktion Ihres Gehirns ist, Sie zu schützen – und Ihr Gehirn ist verdammt gut in seinem Job. Ihr Gehirn wartet nicht mit seiner Verteidigung, bis Sie *tatsächlich* gedemütigt werden. Es ist hyperwachsam, patrouilliert an den Grenzbereichen Ihres Lebens entlang und hält ständig Ausschau nach allem, was irgendwie nur ein winziges Bisschen, auf irgendeine noch so geringe Weise demütigend für Sie sein könnte.

Diese Hyperwachsamkeit ist eine Sicherheitsstrategie – die Ihnen aber sehr hohe Kosten abverlangt. Ständig auf alles zu achten, was Sie demütigen *könnte,* nimmt einen enormen Teil der begrenzten Energieressourcen Ihres Gehirns in Anspruch. Solange Ihr Gehirn massenhaft Energieressourcen dafür aufwendet, Ihre Wertigkeit zu sichern, können Sie diese Energie nicht dazu nutzen, sich zu einer emotional stärkeren Persönlichkeit zu entwickeln.

Wenn Sie jedoch diese Energie der latenten Demütigung nicht als etwas sehen, was Sie zerstören kann, sondern als etwas, was Sie befreien kann – dann passiert etwas Unglaubliches. Wenn Sie mit der Energie der Demütigung klug umgehen, steigen Sie damit auf bis an die Spitze Ihrer emotionalen

Kraft – Ihre bedingungslose Wertigkeit. Und wenn Sie Ihre bedingungslose Wertigkeit erreicht haben, verfügen Sie über erstaunliche emotionale Kraft.

Daves Geschichte

Dave, Bereichsleiter in einem großen Technikunternehmen, lernte, wie er die Energie der Demütigung in der Arbeit zu seiner Stärke machen konnte. Dave hatte den Ruf, selbst bei noch so kleinen Fehlern intolerant zu sein. Er suchte mich auf, nachdem er ein Feedback bekommen hatte, dass sein Team große Angst vor ihm hatte.

Dave gab dem Feedback recht. Dave wollte zwar, dass das Team ihn mochte, fand aber, dass er auch viele gute Gründe hatte, um wütend zu sein. Er ratterte eine Liste von *Einzelsituationen* herunter: Eine Person in seinem Team komme einfach nicht mit; einmal wäre ein Geschäft fast gescheitert; ein anderes Mal ist es tatsächlich gescheitert; eines Tages hat ihn ein Kollege vor seinem Führungsteam öffentlich zur Rede gestellt.

Dave hatte sich in den Blättern verloren.

Während wir Daves Wut immer weiter aufdröselten, wurde klar, dass diese Wut – wie jede Wut – eine Abwehrreaktion war, die ihn vor der tiefer verwurzelten Angst vor Kontrollverlust schützen sollte. Nun mussten wir die Frage beantworten: Wovor versuchte Daves Wut ihn zu schützen? Als wir uns die Bandbreite der Situationen näher ansahen, die ihn wütend machten, wurde Dave klar, dass es nur einen einzigen gemeinsamen Nenner gab: ihn selbst. Um seine tiefste emotionale Kraft abrufen zu können, musste er verstehen, was in seinem Leben der Auslöser für die Kaskade schmerzlicher Situationen war. Gemeinsam arbeiteten wir uns vor bis zur Wurzel des Ganzen. Seine Reise zu dieser Wurzel sah folgendermaßen aus:

Was machte ihn so wütend?

»Fehler.«

Was bedeutete es, wenn jemand einen Fehler machte?

»Es bedeutet, ein Geschäft kann schiefgehen oder ein Produktlaunch scheitern.«

Und dann?

»Das bedeutet, ich habe Leute enttäuscht.«

Und was heißt das?

»Das heißt, dass ich gescheitert bin.«

Wie nennen Sie jemanden, der ständig scheitert?

»Einen Verlierer.«

Und wenn ein Mensch zutiefst glaubt, dass er ein Verlierer ist, welche emotionale Energie schleppt dieser Mensch dann mit sich herum?

»Demütigung.«

Unter dem Chaos der Blätter und der Raserei des Stammes finden wir die Energie, die das ganze System antreibt: Dave hatte Angst, sich gedemütigt wie ein Verlierer zu fühlen.

Wenn Sie Dave im echten Leben kennenlernen würden, wären Sie sprachlos, dass dies seine Geschichte ist. Von außen gesehen war er überaus erfolgreich, charmant und verantwortungsbewusst. Er hatte alles, was ein glückliches, erfolgreiches Leben ausmacht. Ich weise Sie darauf hin, weil es sehr wichtig ist, dass Sie verstehen, dass alle Menschen in unterschiedlichem Maße die Energie der Demütigung in sich tragen. Der Schritt, der Ihnen Kraft verleiht, ist nicht, sich zu fragen, ob Sie auch eine Beziehung zur Demütigung haben, sondern zu entscheiden, was Sie damit anfangen.

Als Dave die Wurzel seines Schmerzes erreicht hatte – die wahre Energie, die seine Wut entfachte –, rückte eine wirkliche Transformation in greifbare Nähe. Dave konnte aufhören, riesige Mengen an Energie zu verschwenden, indem er jede einzelne Situation zu Boden zwang. Stattdessen konnte er sich auf ein einziges Ziel konzentrieren: Wertigkeit.

Verwandeln Sie Demütigung in Wertigkeit

Schmerz und Kraft sind zwei Seiten derselben energetischen Medaille. Dabei ist Demütigung Ihr Schmerz an der untersten Wurzel und Wertigkeit die Spitze Ihrer emotionalen Kraft. Die Spitze Ihrer emotionalen Kraft ist ein unerschütterliches Bewusstsein für den Ihnen innewohnenden Wert – das Wissen, dass in Ihnen immer noch eine gute Energie steckt, *unabhängig von der Situation.* Sie erweitern die Grenzen Ihrer emotionalen Stärke dramatisch, wenn Sie die tiefsitzende Angst vor Demütigung zurückdrängen, indem Sie Ihr Selbstwertgefühl stärken.

Wir sind so daran gewöhnt, dafür gelobt zu werden, dass wir etwas *tun*, dass wir automatisch annehmen, wir müssten etwas Wesentliches *tun*, wenn wir uns wertig fühlen wollen. Das stellen wir nicht einmal infrage. Sollten wir aber. Wenn Sie Ihren Wert an *irgendeiner* Tätigkeit festmachen, haben Sie schon verloren. Wenn Sie sich wertiger fühlen, wenn Ihre Mitarbeiter Ihrer Meinung sind, wenn Ihre Kinder auf Sie hören oder wenn Ihr Partner Ihnen recht gibt, dann stehen Sie emotional auf wackligem Boden, sobald andere nicht so handeln, wie Sie es sich wünschen.

Ich verstehe, dass es schwierig erscheint, die Energie des Selbstwertgefühls von den Ergebnissen Ihrer Situationen zu entkoppeln. Aber der Grund, aus dem sich unser Selbstwertgefühl manchmal so wacklig anfühlt, ist, dass wir uns keine vertieften Gedanken darüber machen, wer wir sind und was uns Bedeutung verleiht, auch jenseits der Dinge, die wir tun! Wie wollen wir aber Dinge verändern, die wir uns nicht einmal bewusst machen?

Dazu sind zwei Schritte erforderlich – Schritte, die oberflächlich betrachtet simpel aussehen mögen, die jedoch tatsächlich eine tiefgreifende Wirkung auf die Entwicklung eines dauerhaften Gefühls von emotionaler Stärke haben: eines Gefühls von Selbstwert und Selbstvertrauen. Diese Schritte sind:

- Lass sie los.
- Wähle dich selbst.

Lass sie los

Entziehen Sie anderen Leuten die Macht, *Ihre* Energie zu aktivieren. Die zwei mutigsten, direktesten Schritte, um die Macht anderer über Ihr

Nervensystem zu kappen, sind »*Hör auf zu lügen*« und »*Hör auf zu tratschen*«. Der einzige Grund, aus dem wir lügen oder tratschen, ist, dass wir nicht glauben, dass wir okay sind, so, wie wir sind.

Fangen wir an mit »Hör auf zu lügen«. Noch mal, ich hab's nicht so mit der Semantik, mir ist es also egal, ob Sie es Übertreiben, Beschönigen, Mit-der-Wahrheit-Spielen oder Unauthentisch-Sein nennen. Der einzige Grund, aus dem ein Mensch die Wahrheit über sein Leben verdreht, ist, dass er glaubt, die authentische Version seiner selbst sei inakzeptabel. Lügen ist sehr gefährlich für Ihre emotionale Stärke – Ihr Selbstwertgefühl –, weil es eine tief verwurzelte Form von Selbstablehnung ist. Mit anderen Worten, wenn Sie Dinge in Ihrem Leben übertreiben, lehnen Sie damit die Realität Ihres Lebens ab. Sie signalisieren sich selbst, dass Ihr wahres Leben, *so wie es ist*, inakzeptabel ist, dass es in Ihrem Leben etwas gibt, von dem man sich abspalten sollte. In solchen Momenten spalten Sie sich von sich selbst ab, und wenn Sie das tun, zeigen Sie sich selbst, dass Sie die gefährlichste Person im Raum sind.

Mit Klatsch und Tratsch verhält es sich ähnlich. Oft tratschen (oder lästern) wir über andere, anstatt direkt mit ihnen zu sprechen, weil wir uns nicht stark genug fühlen, ihnen unsere Beschwerden direkt vorzutragen. Vielleicht schämen wir uns, trauen uns nicht oder haben Angst, darüber zu sprechen. In jedem Fall signalisiert es einen Schwachpunkt in unserer emotionalen Kraft, den wir stärken müssen.

Dave hatte zum Beispiel gemerkt, dass er zwar kein Problem damit hatte, mit den Leuten ruppig zu sein, die ihm unterstellt waren, aber sich sehr schwertat, bei Gleichrangigen seine Beschwerden anzubringen. Er hatte einen Kollegen, den er zu anspruchsvoll und unberechenbar fand. Wenn dieser Kollege etwas tat, was ihn ärgerte, sagte Dave ihm das nicht direkt. Stattdessen ging er zu anderen und lästerte: »Weißt du, was der Typ gemacht hat?« oder er ging nach Hause und erzählte seiner Frau: »Hör dir mal an, was er jetzt schon wieder gemacht hat!« Für Dave fühlte sich diese Form von Klatsch und Tratsch – oder Lästern – wie eine Katharsis an. Aber das Problem an der Katharsis ist, dass sie einen nicht emotional stärker macht.

Die Funktion von Klatsch und Tratsch ist, Energie auszugleichen. Das ist gemeint, wenn man jemanden sagen hört: »Das habe ich mir von der Seele geredet.« Wenn Sie sich gekränkt fühlen, erzeugt das einen schmerzlichen Druck in Ihrem Inneren. Wenn Sie zum Beispiel glauben, dass jemand Sie unfair behandelt hat, verschafft Ihnen das das schmerzliche Gefühl von Ungerechtigkeit. Forschungen an Menschen und auch Tieren haben gezeigt, dass Ungerechtigkeit das Nervensystem in Erregung versetzt.[25]

Wenn Sie in Erregung versetzt wurden, findet in Ihrem Nervensystem eine Aktivierung von Schmerz-Energie statt. Und wenn Sie lästern oder tratschen, ist das, wie wenn man ein Druckventil öffnet. Die Energie Ihres Schmerzes verschwindet *vorübergehend*, aber Sie haben nichts getan, um Ihr emotionales System zu stärken. Deshalb sind Tratschen und Lästern chronische Verhaltensweisen; sie tragen nichts zur Stärkung Ihres zugrunde liegenden emotionalen Systems bei. Wenn Sie aufhören zu tratschen oder zu lästern, werden Sie Ihre emotionalen Muster ändern; dies gewährt Ihnen neue Einblicke, wie Ihre emotionale Energie sich verhält und in welche Richtung Sie jetzt Ihr Leben weiter steuern wollen.

Wähle dich selbst

Je mehr wir die Strategien der Unaufrichtigkeit loslassen, nämlich das Lügen und Tratschen, desto näher kommen wir der Wahrheit unserer Energie. Wenn Sie sich für Authentizität in Ihrem Leben entscheiden, erfordert dies einen tiefen Einklang mit Ihrer inneren Energie – mit Ihrer inneren Autorität. Um dies zu erreichen, schnappen Sie sich ein Notizbuch und suchen Sie sich einen ruhigen Platz. Stellen Sie sich ein Glas Wasser in Zimmertemperatur bereit, einen Kräutertee oder irgendein anderes Getränk, das Sie beruhigt. Atmen Sie zehnmal tief durch, um Ihr Nervensystem wirklich zu beruhigen. Schreiben Sie dann die Antworten auf die folgenden Fragen auf. Denken Sie nicht lange darüber nach und korrigieren Sie sich nicht. Schreiben Sie frei von der Leber weg.

Übung: Lassen Sie die Anderen los und wählen sich selbst

Beantworten Sie für sich folgende Fragen zum Thema »sich selbst wählen«:

- Wäre es Ihnen lieber, dass *andere* Sie mögen oder dass *Sie* selbst sich mögen?
- Sind Sie stark genug, um von anderen missverstanden zu werden? Mit anderen Worten, wenn Sie wissen, dass etwas wahr ist, werden Sie daran festhalten, auch wenn andere das nicht verstehen? Wenn Sie sich für eine Ihrer Ideen begeistern, halten Sie an der Überzeugung fest, dass Ihre Idee hervorragend ist, auch wenn andere nicht dieser Meinung sind? Oder wissen Sie nur aufgrund der Reaktionen anderer Menschen, was in Ihrem Leben wahr ist?
- Wäre es Ihnen lieber, dass *Sie* sich für Ihre Arbeit interessieren oder dass sich *andere* für Ihre Arbeit interessieren?
- Was tun Sie vor allem, um die Aufmerksamkeit anderer zu bekommen? Gibt es Aktivitäten in Ihrem Leben, mit denen Sie aufhören würden, wenn Sie wüssten, dass Sie kein Feedback von außen bekämen? Wenn ja, welche sind das? (Überlegen Sie in den Bereichen Arbeit, Umgang mit anderen Menschen, Gespräche, die Sie führen, oder wie Sie auf Ihren Körper achten etc.)
- Welche Dinge gibt es an Ihnen, die Ihnen peinlich wären oder Sie demütigen würden, wenn andere sie wüssten? Warum? Dies ist vielleicht eine energetische Blockade in Ihrem Inneren. Es zeigt sich, dass wir oft so krank sind wie unsere Geheimnisse. Gibt es Möglichkeiten, diese eingeschlossene Energie herauszulassen, die sich für Sie sicher anfühlen (z. B. mit einem Freund sprechen, dem Sie vertrauen, mit einem geistlichen Begleiter, einem Psychologen; eine Mini-Zeremonie, in der Sie einen Brief schreiben, um die Energie »freizusetzen«, und dann den Brief vernichten)?

Wenn Sie über diese Fragen gründlich nachdenken, erreichen Sie ein neues Level der bewussten Selbstwahrnehmung. Der fundamentale Schritt zu jeglicher Form von psychologischer Veränderung ist immer die bewusste Wahrnehmung. Sie fragen jetzt vielleicht: Okay, aber was *mache* ich denn nun mit dieser starken Selbstwahrnehmung? Nehmen Sie sich einfach ein Ziel vor und tun Sie es. Wenn Sie beispielsweise merken, dass Sie oft auf die Vorlieben anderer Menschen mehr Energie verwenden als auf Ihre eigenen, dann nehmen Sie sich vor, sich so zu verhalten, dass Sie den Einfluss loslassen, den andere über Sie haben, und beginnen, mit mehr innerer Stärke das zu wählen, was Sie selbst wollen. Das kann jede mögliche Tätigkeit sein. Hier ein paar Beispiele:

- Eine mutige Entscheidung treffen, ohne sich Input von anderen zu holen.
- Etwas in den sozialen Medien posten und dann Kommentare und Anmerkungen ausschalten, sodass Sie kein Feedback von außen bekommen, was andere davon halten.
- Sich darin üben, anderen die eigenen authentischen Gedanken zu einem bestimmten Thema mitzuteilen, was Sie bisher vermieden haben, weil Sie befürchteten, missverstanden zu werden.

Es ist völlig egal, welche Tätigkeit Sie sich aussuchen, denn es geht nicht um das Ergebnis; es geht um die Energie. Seine emotionale Energie – das Ihnen innewohnende Selbstwertgefühl – in den Ergebnissen von Einzelsituationen zu suchen, ist wie verzweifelt nach den Schlüsseln zu suchen, während man sie bereits in der Hand hält. Wenn Sie endlich merken, dass das, wonach Sie ständig »da draußen« gesucht haben, die ganze Zeit schon in Ihnen war, bekommen Sie einen Zugang zu dem Einzigen, was Sie sowieso wollten: Ihr eigenes, wahres Leben.

Code 4: Unsicherheit meistern

Wie Sie auch in der Energie der Unsicherheit emotionale Stärke bewahren

Es war am Anfang meines Berufslebens, als einer meiner Patienten, Jerry, mir erzählte: »Ich wusste nie sicher, wann mein Vater mich verprügeln würde, also provozierte ich ihn schon am Morgen. Es ist besser, es hinter sich zu haben.«

Was er beschrieb, war eine frühe Erfahrung einer Situation, von der ich inzwischen weiß, dass sie eine der stärksten Kräfte in unserem Leben ist: Unsicherheit. Die Unsicherheit ist das Versprechen des Lebens an uns alle. Über 20 Jahre lang habe ich erlebt, wie Menschen sich aus unaussprechlichem Schmerz erheben, um sich einer Zukunft zu stellen, die keinerlei Sicherheit bietet. Ich arbeite mit Menschen, die schockierende Traumata erlitten haben, und in unseren ersten Gesprächen kommen erwartungsgemäß immer wieder flehentliche Fragen nach einer garantierten Sicherheit: »Wie kann ich absolut sicher gehen, dass so etwas niemals wieder passiert?«, fragen sie mich dann.

Die Antwort lautet: Das kann man nicht.

Noch nach so vielen Jahren bin ich immer wieder sprachlos, wenn ich die Zuversicht und den Mut von Menschen erlebe, die diese Wahrheit akzeptieren und sagen: Ich stehe wieder auf, nicht weil ich mir sicher bin, sondern weil ich trotzdem die Hoffnung habe.

Der Schmerz der Unsicherheit ist ein gut erforschtes neuropsychologisches Phänomen. Wenn zum Beispiel bei einer Studie die Teilnehmer an Geräte angeschlossen werden, durch die sie Stromstöße bekommen, berichten sie, dass es schlimmer sei, nicht zu wissen, *ob* sie einen Stromstoß bekommen, als sicher zu sein, *dass* sie einen Stromstoß bekommen werden.[26] Das sagt uns etwas ganz Wichtiges: Die emotionalen Empfindungen, die durch eine Situation der Unsicherheit ausgelöst werden, können – buchstäblich – schlimmer sein als physische Schmerzen.

Weil Unsicherheit so schmerzlich sein kann, verwendet das Gehirn sehr viel Zeit darauf – Sie haben es erraten –, sie zu vermeiden. Aber wie meistens bei Schmerz, wird es Sie stark machen, wenn Sie Ihre Beziehung zu dieser Energie umwandeln. Die große Veränderung beginnt, wenn Sie verstehen, dass der Umgang mit der Unsicherheit nicht auf der Ebene von Einzelsituationen gemeistert werden kann. Eine der zentralen Botschaften, die ich Ihnen durch die Codes vermittle, ist: Wenn Sie versuchen, Ihr Leben Situation für Situation zu gestalten, kann es für Sie keine emotionale Entwicklung geben. Jeder Versuch, die Unsicherheit in der einzelnen Situation zu reduzieren, in der sie auftritt, verbraucht sinnlos Ihre Energieressourcen, weil Sie die tiefere Dynamik nicht verstehen, die in solchen Situationen den emotionalen Schmerz hervorruft.

Dieser neuroenergetische Code wird Ihnen zeigen, dass jede Unsicherheit in Ihrer Energie einen vorhersehbaren Rhythmus besitzt, etwas, was bei Ihnen ein bestimmtes Denken und Gefühl auslöst, *unabhängig von der Situation*. Sie entwickeln mehr emotionale Stärke, wenn Sie den Fokus davon wegnehmen, jedes ungeklärte Szenario lösen zu wollen, und sich stattdessen auf die Person fokussieren, zu der Sie *jedes Mal* unter dem Einfluss der Energie der Unsicherheit werden.

In diesem Code versuchen wir nicht, die Unsicherheit zu vermeiden – weil wir das nicht können. Stattdessen lernen wir, wie wir damit arbeiten können. Diese Unterscheidung ist ganz wesentlich, denn paradoxerweise verursachen Ihnen die Dinge, die Sie tun, um Unsicherheit zu vermeiden, den meisten emotionalen Schmerz, und nicht die Unsicherheit selbst.

Früher im Buch haben wir schon einmal von einem »Zuviel« an Aktivität gesprochen – ständigem Grübeln, übermäßigem Arbeiten, übermäßigem Tun und so weiter. Wir erinnern uns, dass jedes »Zuviel« eine Reaktion zur Schmerzvermeidung ist. Vielleicht arbeiten Sie, weil es Ihnen Spaß macht, aber Sie arbeiten *zu viel*, weil Sie Angst davor haben, was passieren *könnte*, wenn Sie es nicht tun. Der Akt des Denkens macht Ihnen wahrscheinlich sehr viel Spaß, aber *ständiges* Grübeln ist brutal. Und während es schön ist, etwas zu geben, raubt es einem jede Energie, *zu viel* zu geben.

Jedes »Zuviel« ist ein Schutzschild gegen die Angst. Der Gedanke dahinter lautet: Wenn ich mehr arbeite, mehr gebe, mehr grüble, bin ich auf der sicheren Seite. Jede Form von Angst – von leicht bis pathologisch – kann als *dysfunktionale Beziehung zur Unsicherheit* verstanden werden.[27]

Um angesichts eines Lebens, das absolut keine Sicherheit verspricht, emotionale Stärke zu entwickeln, ist es hilfreich, sich zuerst damit auseinanderzusetzen, wie sich die Energie der Unsicherheit im Allgemeinen verhält. Ich gebe Ihnen ein klinisches Beispiel, um dies zu verdeutlichen, und dann wende ich es auf Ihr Leben an. Nehmen wir PTBS (posttraumatische Belastungsstörung). PTBS kann man nicht diagnostizieren, während ein Mensch sich noch inmitten einer traumatisierenden Situation befindet, wie etwa einer Kampfhandlung. Man kann PTBS nicht mitten in einem Kriegsszenario diagnostizieren, will die Reaktion, die PTBS in einem nicht traumatischen Umfeld *pathologisch* macht, inmitten einer traumatischen Situation eine *Anpassungsreaktion* ist. Dinge wie Hyperwachsamkeit, ständiges Alarmiert-sein oder Schlaflosigkeit können Ihnen in einer Kriegssituation das Leben retten.

Erst wenn die Menschen nach Hause, in ein sicheres Umfeld zurückkehren, aber die Verhaltensweisen, die für die eigene Sicherheit sorgen sollen, noch immer anhalten, wird es pathologisch. Ich habe zum Beispiel schon mit Veteranen gearbeitet, die niemals Auto fahren, öffentliche

Verkehrsmittel benutzen, in Restaurants zum Essen gehen, in Geschäften einkaufen gehen und sich nie an Orte begeben, an denen sich viele Menschen aufhalten, wie Hotels, Kinos oder Theater, weil sie das Gefühl haben, es *könnte* gefährlich sein. Die (oft unbewusste) Strategie dahinter ist, in Sicherheit zu bleiben, indem man alles vermeidet, was unsicher ist. Mit anderen Worten, die Vermeidung dieser Orte ist ein Sicherheitsverhalten. Das Problem ist jedoch, dass es nicht das Trauma ist, was die pathologische Angst verstärkt; *es ist das Sicherheitsverhalten.* Bei PTBS geht es ja nicht darum, dass gefährliche Dinge gefährlich sind; es geht um die Unfähigkeit, sichere Dinge als sicher zu erkennen.[28]

In Ihrem eigenen Leben sind die Dinge, die Sie tun, um sich vor Schmerz zu schützen – zu viel zu tun, zu viel zu arbeiten, zu viel zu geben, zu viele Verpflichtungen zu übernehmen –, die Hauptursachen für Ihren Schmerz. Extremes Sicherheitsdenken ist der Kern jeder Form von Angst: PTBS, soziale Ängste, generalisierte Ängste, Zwangsstörung. Das gilt gleichermaßen, ob Sie nun unter einer klinisch signifikanten Angst leiden oder nicht. Irgendwann kommen Sie an den Punkt, an dem die Verhaltensweisen, die Sie entwickelt haben, um sich vor Unsicherheit zu schützen, zu genau dem Verhalten werden, das Ihnen Schaden zufügt.

Auch wenn es in Ihrem Leben vielleicht weniger extrem ist als bei PTBS, die Energie funktioniert auf dieselbe Weise. Sie sind sich zum Beispiel unsicher, ob die anderen Sie wirklich mögen, also sind Sie übertrieben nett in ihrer Gegenwart, weil Sie versuchen, irgendeine Version von jemand zu werden, von der Sie glauben, dass die anderen sie so haben wollen. Und dann wundern Sie sich, dass Sie es so anstrengend finden, unter Leuten zu sein. Sie sind sich unsicher, ob Ihre Follower in den sozialen Medien Sie und Ihren Content wichtig genug finden, also überproduzieren Sie Content, auch wenn Sie schon gar nicht mehr können, und dann wundern Sie sich, dass Sie so erschöpft sind.

Hier verrate ich Ihnen nun, dass die Energie der Ungewissheit die Wurzel all unserer Ängste ist. Aber sie ist noch weit mehr. Die Energie der Ungewissheit bewegt sich durch Ihr Nervensystem auf nahezu immer gleiche Weise, unabhängig von der Situation, die sie ausgelöst hat. Sie wirkt auf Ihr Gehirn und Ihren Körper auf vorhersehbare Weise. Neurophysiologische Studien zeigen, dass selbst geringfügige Formen von Ungewissheit physiologische Veränderungen hervorrufen, wie etwa eine Aktivierung des Gehirns in Regionen für die Erkennung von Bedrohung und die Entscheidungsfindung oder vermehrtes Schwitzen.[29] Gibt es Situationen, in denen Ihre Gedanken stärker rasen und Ihr Herz heftiger pocht? Natürlich, aber das ist ein gradueller Unterschied, kein Unterschied des Vorgangs an sich. Mit anderen Worten, die Energie der Unsicherheit wirkt sich auf das Nervensystem in verschiedenen Situationen auf ähnliche Weise aus.

Sie nehmen den Druck heraus, wenn Ihnen klar wird – wie bei der Demütigung –, dass die Energie der Unsicherheit nicht *in* der Situation entsteht, sondern dass *diese Energie die Situation erst hervorruft.* Es ist nicht die Situation, durch die Sie sich fragen »Was wäre, wenn …?«. Sondern umgekehrt, es ist der Akt des angstvollen Fragens »Was wäre, wenn …?«, der die Situation erschafft.

Um mit der Energie der Unsicherheit so umzugehen, dass Ihre Leadership-Fähigkeiten weiterentwickelt werden, seien Sie der Held Ihrer eigenen Geschichte.

Übung: Seien Sie der Held Ihrer eigenen Geschichte

Sie sind zwar nicht der mächtigste Mensch auf der Welt, aber Sie sind der absolut mächtigste Mensch in *Ihrem eigenen Leben.* Natürlich können Sie nie sicher sein, ob morgen die Sonne aufgeht oder heute Abend ein Meteor auf Ihr Haus fällt, doch der meiste Schmerz, den die Ungewissheit in Ihrem Leben verursacht, rührt nicht von irgendwelchen Naturkatastrophen her, sondern von Ihren Ängsten vor dem Verhalten anderer Menschen:

- Was ist, wenn Sie das tun, was Sie wollen, und die anderen dann wütend auf Sie werden?
- Was ist, wenn Sie sagen, was Sie sagen wollen, und die anderen Sie dann missverstehen?
- Was ist, wenn die anderen Ihre Idee nicht gut finden?
- Was ist, wenn die anderen anderer Meinung sind als Sie?
- Was ist, wenn Ihre Kinder nicht auf Sie hören?
- Was ist, wenn Ihr Ehepartner Sie nicht unterstützt?

Wenn Sie versuchen, diese Ungewissheit dadurch zu kontrollieren, dass Sie sich bemühen, etwas zu sein, was Sie noch nicht einmal sein wollen, ist die unvermeidliche Konsequenz für Sie Schmerz. Zum Beispiel:

- Sie halten den Mund, auch wenn Sie eigentlich etwas sagen wollen.
- Sie tragen kühne Ideen in sich, aber Sie halten sich aus Rücksicht auf die anderen zurück.
- Sie sagen Ja, wenn Sie Nein meinen.
- Sie arbeiten weiter, auch wenn Ihr Körper dringend eine Pause einfordert.

Erinnern wir uns an die Definition von Schmerz: die Selbstspaltung, wenn man sich selbst verrät, indem man sich von sich selbst abspaltet.

Wenn Sie versuchen, jedes bisschen Ungewissheit überzukontrollieren, verlieren Sie den roten Faden Ihres Lebens aus den Augen. Und das Schlimmste ist, Sie verbrauchen all Ihre Energie damit, eine Rolle in einem Leben zu spielen, das Sie überhaupt nicht wollen. Das »Zuviel«, das Sie leisten, um die Unsicherheit in Ihrem Leben zu kontrollieren, soll Ihr Leben sicher machen. Aber wie gut ist dieses »Sicher«, wenn es letztlich bedeutet, dass Sie erschöpft, unter Druck, von sich selbst abgespalten und unerfüllt sind?

Um das zu verändern, werden Sie selbst zur Quelle für Ihre eigene Sicherheit – seien Sie der Held in Ihrer eigenen Geschichte.

Und das geht so:

- Suchen Sie nach Informationen, nicht nach Bestätigung.
- Sagen Sie: »Ich weiß es nicht.«

Suchen Sie nach Informationen, nicht nach Bestätigung

Da Sie nun wissen, dass ein Großteil Ihrer Angst, Ihres Stress und Kummers durch eine gestörte Beziehung zum Thema Sicherheit ausgelöst wird, müssen Sie noch ein anderes Paradox kennenlernen. Wenn Sie sich regelmäßig verunsichert fühlen, tun Sie wahrscheinlich etwas Bestimmtes, um diese Verunsicherung loszuwerden, was sie aber in Wahrheit noch schlimmer macht: Sie suchen nach Bestätigung.

Suche nach Bestätigung bedeutet, wie der Name schon sagt, dass man bei anderen Menschen nach Sicherheitsgarantien sucht, die sie nicht wirklich liefern können. Die Suche nach Bestätigung ist das Einholen von sicheren Antworten auf Fragen, die man nicht beantworten kann. Die Suche nach Bestätigung kann Ihnen zwar vorübergehend ein besseres Gefühl geben, aber langfristig schwächt sie Ihre emotionale Stärke.

Die Suche nach Bestätigung ist etwas anderes als die Suche nach Informationen. Die Suche nach Informationen strebt danach, eine Frage zu beantworten; die Suche nach Bestätigung zielt darauf ab, Sicherheit zu erzeugen. Die Suche nach Bestätigung findet auf emotionaler Ebene statt; zum Beispiel: »Wie würdest du dich denn fühlen, wenn er so mit dir gesprochen hätte?« Die Suche nach Informationen findet auf der Ebene der Fakten statt, zum Beispiel: »Was ist die am besten erforschte Behandlungsmethode gegen Angstzustände?«

Haben Sie schon einmal

- jemanden gefragt, ob er dasselbe getan hätte wie Sie?
- jemanden nach seiner Meinung über eine Situation gefragt, keine Antwort bekommen, die Ihre Angst gemindert hätte, und dann so

lange weitergefragt, bis Sie jemanden gefunden haben, der Ihnen die Antwort gab, die Sie hören wollten?
- jemanden um einen fachlichen Rat gefragt, der in diesem Bereich keine besonderen Kenntnisse hatte? Zum Beispiel haben Sie sich vielleicht Sorgen über das Verhalten Ihres Kindes gemacht, also haben Sie jemanden ohne Fachkenntnis gefragt: »Für Sie ist das doch ganz normal, oder?«

Dies sind alles Verhaltensweisen, mit denen man nach Bestätigung sucht; wenn man sie chronisch praktiziert, untergraben sie *schleichend* Ihre emotionale Stärke. Wenn Sie die Bestätigung bekommen, nach der Sie gesucht hatten, empfinden Sie zwar vorübergehend einen Schub für Ihr Kontrollgefühl. Plötzlich sind Sie beruhigt, weil die Antwort der anderen Person Ihnen die vorübergehende Illusion von Sicherheit gibt. Aber jetzt kommt der Haken: Wenn Sie Ihr Gefühl emotionaler Sicherheit wiederherstellen, indem Sie eine externe Quelle nutzen, destabilisieren Sie Ihr eigenes Sicherheitsgefühl, weil *Sie* dann glauben, dass das, was Sie brauchen, um Ihr Nervensystem zu beruhigen, nicht Ihre eigene innere Autorität ist, sondern die Meinung einer anderen Person. Das wiederum verschafft Ihnen das Gefühl, dass nicht Sie der Held Ihrer eigenen Geschichte sind, sondern jemand anders.

Natürlich ist es vernünftig, ab und zu den Rat anderer Menschen einzuholen. Wir sollen ja nicht in einem Vakuum leben. Es ist jedoch ein riesiger Unterschied, ob man sich gelegentlich Ideen und Inspirationen von anderen holt oder ob man die Meinung anderer für sein emotionales Gleichgewicht braucht.

Denken Sie daran: Bestätigung ist nicht Information. Wenn Sie Ihren Finanzberater nach seiner Expertenmeinung in einer finanziellen Angelegenheit fragen, ist das etwas anderes, als wenn Sie Ihre Mutter, Ihren Ehepartner oder jemanden in den sozialen Medien fragen, was sie getan hätten, wenn der Kunde so mit ihnen gesprochen hätte.

Es gibt schöne Worte, um Führungsqualität zu beschreiben. Eines dieser Worte ist »Selbstsicherheit«, was im wörtlichen Sinn bedeutet, dass man in der Lage ist, sich *selbst* das Gefühl der Bestätigung zu vermitteln. Um eine starke Führungskraft zu sein, müssen Sie die Fähigkeit entwickeln, Ihr eigener Held zu sein – selbst die sicherste Quelle für Ihre eigene Bestätigung zu sein.

Um herauszufinden, in welchen Bereichen Sie vielleicht mehr Informationen und weniger Bestätigung suchen sollten, hier eine Übung. Sehen Sie sich die Liste in Tabelle 2 nochmals an und notieren Sie sich die Punkte, die auf Sie zutreffen. Sehen Sie sich Ihre Antworten an und entscheiden Sie, wo Sie vielleicht beginnen wollen, mehr Informationen und weniger Bestätigung einzuholen.

Tab. 2:

Informationen oder Bestätigung einholen

Informationen einholen	Bestätigung einholen
Stellt Fragen, um mehr zu erfahren	Stellt Fragen, um entlastet zu werden
Offen für alle Antworten	Braucht eine bestimmte Antwort
Stellt die Frage einmal	Stellt die Frage immer wieder
Fragt qualifizierte Leuten	Fragt unqualifizierte Leute
Frage kann beantwortet werden	Frage kann nicht beantwortet werden
Akzeptiert die Antwort, auch wenn sie nicht die erwünschte ist	Reagiert auf unerwünschte Antwort, indem sie infrage gestellt wird, eine Umformulierung verlangt wird oder jemand anderes gefunden wird, der die gewünschte Antwort liefert
Kann mit Mehrdeutigkeit umgehen	Fordert Eindeutigkeit ein
Sucht nach einer Antwort für einen klaren Zweck	Sucht permanent »Informationen«, kommt aber zu keinem überzeugten Schluss

Quelle: Angepasst von einem Arbeitsblatt des Anxiety Disorders Center, St. Louis Behavioral Medicine Institute, https://iocdf.org/wp-content/uploads/2016/04/18-Information-seekers-vs-reassurance-seekers.pdf.054

Sagen Sie: »Ich weiß es nicht«

In Situationen der Ungewissheit erfordert es eine sehr starke Persönlichkeit, die Wahrheit zuzugeben und zu sagen: »Ich weiß es nicht.« Als Führungskraft kann es sein, dass Sie unter Druck stehen, Antworten zu geben, die Sie noch gar nicht haben. Ob Sie nun ein Unternehmen führen, einen Haushalt, ein Gespräch oder Ihre Kinder erziehen, Sie sind es gewohnt, dass es Menschen gibt, die sich an Sie wenden, wenn sie sich unsicher fühlen. Unter diesem Druck entsteht manchmal der natürliche Reflex, dass man versucht, das zu liefern, wovon man glaubt, dass die anderen es von einem erwarten. Wenn Sie sich unsicher sind, haben Sie nur zwei Möglichkeiten: Sie können vorgeben, es zu wissen, oder Sie können die Wahrheit sagen. Wenn Sie der Held Ihrer eigenen Geschichte sein wollen, müssen Sie so stark sein, vier mutige Worte auszusprechen: *Ich weiß es nicht.*

Wenn man so tut, als wisse man etwas, was man nicht weiß, ist das eine unterschwellige Form des Gefallen-wollens. Eine Senior-Führungskraft sagte einmal zu mir: »Ich verspüre ständig den Druck, den Leuten auf Fragen Antworten zu geben, die ich nicht habe. Ich will sie nicht enttäuschen, also gebe ich oft Antworten oder Versprechen, die mir später Kopfschmerzen bereiten.«

Im Fall dieser Führungskraft war es so schwierig für ihn, zu sagen: »Ich weiß es nicht«, weil er dachte, *seine Sicherheit* hinge davon ab, dass *die anderen Gewissheit* hätten. Da er es nicht ertragen konnte, andere zu enttäuschen, erzählte er ihnen, was sie hören wollten. Wenn Sie Angst haben, andere zu enttäuschen oder als Führungskraft nicht akzeptiert zu werden, wenn Sie keine Antworten haben, werden Sie versucht sein, anderen gefallen zu wollen. Dies tun Sie, indem Sie ihnen die Gewissheit geben, von der Sie glauben, dass sie sie von Ihnen erwarten. Das Problem ist nur, dass eine solche Antwort zwar in der Geschichte der anderen einen Sinn ergibt, aber nicht in Ihrer Geschichte.

Wollen Sie der Held in der Geschichte der anderen sein oder in Ihrer eigenen?

Es gibt einen feinen, aber sehr bedeutenden Unterschied zwischen falscher Gewissheit und aufrichtiger Klarheit. In den Zeiten großer Unsicherheit des Jahres 2020 arbeitete ich mit zwei verschiedenen Unternehmen zusammen. Jeder versuchte verzweifelt, herauszufinden, was überall passierte.

In dem einen Unternehmen saß die Führungsriege hinter verschlossenen Türen und kommunizierte praktisch gar nicht mit ihrer Belegschaft. Die Tragik ist, dass diese Führungskräfte aufrichtig um das Wohlergehen ihrer Belegschaft bemüht waren; sie kommunizierten nur einfach nicht effektiv. Sie hielten die Mitarbeiter hin, weil sie glaubten, dass sie bestimmte Antworten auf Dinge brauchten, die noch keiner wissen konnte, etwa, wie sich das Coronavirus entwickeln würde, wie die Arbeitsbedingungen sein würden, ob es Entlassungen geben würde oder wann das alles passieren würde. Obwohl ich ihnen dringend riet, ihrer Belegschaft die Wahrheit zu sagen, sagten sie immer wieder, es sehe nicht nach einem starken Führungsteam aus, wenn es keine Antworten hätte. Doch ihr Beschluss, auf irgendeine illusorische Gewissheit zu warten, war kein Zeichen einer starken Führung; es war ein Zeichen von Angst. Und unter dieser kippligen Energie sackte das Engagement der Mitarbeiter ins Bodenlose ab.

Das andere Unternehmen schlug sich mit derselben Ungewissheit herum, aber dort kommunizierte man dies der Belegschaft klar und regelmäßig. Zum Beispiel hielt die CEO regelmäßig virtuelle Meetings mit ihrer Belegschaft ab, bei denen sie Dinge sagte wie: »Wir haben immer noch keine Antworten auf viele Fragen, aber wir arbeiten daran, die Antworten zu finden, und ich werde mich mit Ihnen in drei Tagen noch einmal zusammensetzen, um Ihnen ein Update zu geben – *wenn auch nur, um Ihnen zu sagen, ›Ich weiß es noch immer nicht‹*.« Sie hatte sich dazu verpflichtet, mit ihrer Belegschaft transparent und aufrichtig zu sein, und ihre Mitarbeiter waren begeistert. Sie war überrascht, als sie sogar feststellte, dass das Mitarbeiterengagement stabil blieb – und das in Zeiten, in denen die Welt Kopf stand. Sie sagte zu mir: »Wer hätte gedacht, dass es das Klügste war, was ich tun konnte, den Leuten zu sagen, dass ich keine Antworten habe?«

Wenn Sie anfangen, frei und mutig den Satz »Ich weiß es nicht« auszusprechen, beginnt eine große Veränderung. Genau wie die oben beschriebene CEO werden Sie klar und deutlich den Beweis vor Augen haben, dass all die schlimmen Dinge, von denen Sie befürchtet hatten, dass sie passieren würden, wenn Sie sagen würden »Ich weiß es nicht«, gar nicht eintreten. Wenn Sie als Führungskraft ein klares Signal an Ihr Team, Ihre Kinder oder Ihren Partner senden, dass sie mit Ihnen aufrichtig sein können, schaffen Sie Beziehungen, die in emotionaler Freiheit wurzeln – und emotional freie Menschen sind die stärksten Menschen auf der Welt.

. . .

Die Reaktion auf Ungewissheit ist, wie Sie im nächsten Kapitel sehen werden, ein erlerntes Verhalten, das man sich in der Kindheit angeeignet hat. Das Problem für Ihr heutiges Leben ist dabei, dass die Strategien, die Ihnen als Kind geholfen haben, Sie heute oft klein machen.

Wenn die Zeiten unsicher sind, richten die Menschen, die von Ihnen abhängig sind, den Blick auf Sie – ob Ihr Team, Ihre Kunden oder Ihre Kinder. Unsichere Zeiten bedeuten per definitionem, dass die Außenwelt keine klare Antwort mehr liefert. Das bedeutet, *Sie* sind die Antwort. Sie sind die Person, auf die Ihre Leute gewartet haben. Ihre alte Umgangsweise mit der Ungewissheit, eine Umgangsweise, die auf angepassten, aber letztlich nicht mehr passenden Mustern aus der Kindheit beruht, stößt jetzt schon an die Grenzen dessen, was sie leisten kann. Eine neue Beziehung zur Ungewissheit kündigt sich an.

Nehmen Sie den Anruf an.

Code 5: Wie Sie Ihren Quellcode neu verdrahten

Was Ihre Kindheit damit zu tun hat, wie Sie heute leben, und wie Sie damit umgehen können

Dieser neuroenergetische Code bringt Sie zu den Ursprüngen Ihrer emotionalen Kraft – zu den frühesten Formen, die Sie gelernt haben, um mit schwierigen Situationen umzugehen, zu Hause und in Beziehungen. Um dorthin zu gelangen, beginnen wir mit einer Frage: Wer hat Ihnen als Erstes beigebracht, sich selbst und andere zu lenken?

Ihre Eltern.

Um Ihren Führungsstil stärker zu machen, werden in diesem Code Ihre Eltern als die stärksten Leitfiguren in Ihrem Leben untersucht. Beachten Sie dabei, dass ich nicht gesagt habe, die liebevollsten Leitfiguren. Auch nicht die aufmerksamsten, hilfsbereitesten, klügsten oder überhaupt anwesenden. Ich hoffe, Ihre Eltern waren all das. Aber es ist eine unausweichliche Tatsache, dass alles, was Ihre Eltern *auch immer* getan haben – das Gute, das Schlechte und alles, was dazwischen liegt –, *den stärksten Einfluss* auf Sie hatte, und zwar aufgrund dessen, was in Ihrem Gehirn zu jener Zeit passierte.

Einhellige Beweise aus verschiedenen wissenschaftlichen Disziplinen, von klinischer Psychologie über die Neurowissenschaften bis hin zur Entwicklungspsychologie, beweisen, welche einzigartige Macht die Eltern-Kind-Beziehung hat.[30] In den ersten drei Jahren Ihres Lebens machte Ihr Gehirn eine spektakuläre Entwicklung durch, bei der es über eine Million neurale Verbindungen pro Sekunde produzierte.[31] Von dem Moment an, in dem Sie geboren wurden, brachten Ihre Eltern Ihnen bereits die Lektionen über Emotionen und Beziehungen bei, die Sie später am stärksten prägen würden.

Sie waren es, die Ihnen als Erste etwas über Macht und Schmerz beibrachten, darüber, wer da ist und wer nicht, darüber, wann Sie wichtig sind und wann nicht. Ihr Einfluss – die Art, wie sie Sie ansahen, mit Ihnen sprachen, Ihnen halfen, Sie liebten oder Sie verletzten – schuf die Grundlage für Ihren energetischen Aufbau. Und diese Grundlage hat sehr viel damit zu tun, wie Sie heute Ihr Leben führen.

Wir bezeichnen Ihre frühen Kindheitserlebnisse, die Ihre Entwicklung geprägt haben, als Ihren »Quellcode«, denn er ist die Quelle dessen, was Sie sind. Die Entwicklung des Gehirns bei Kindern wird tiefgreifend von der Beziehung zu ihren Eltern beeinflusst. Der Erziehungsstil Ihrer Eltern hatte eine grundlegende Auswirkung auf Ihre Biologie, wie Ihre Gehirnfunktionen und die Ausprägung Ihrer Gene.[32]

Wir haben schon ausführlich darüber gesprochen, dass Ihr Gehirn eine Mustererkennungsmaschine ist, die ihre Elektrizität aus den emotionalen Energien bekommt. Die stärksten Muster in Ihrem Leben sind diejenigen, die Sie in Ihrer Kindheit geschaffen haben. Unser frühestes Muster wird auch dasjenige sein, was am längsten anhält. Seltsamerweise können wir jedoch, obwohl unsere frühesten Lebenserfahrungen unser Erwachsenenleben unweigerlich beeinflussen, auf die meisten davon nicht bewusst zugreifen. Deshalb könnte man annehmen, dass Ereignisse aus der Vergangenheit, an die wir uns kaum erinnern können, doch nicht *so* relevant für unser heutiges Führungsverhalten sein können.

Sind sie aber.

Dabei ist es nicht so, dass Ihr Gehirn sich nicht erinnert; das tut es sehr wohl. Doch Ihr Kindergehirn hatte noch nicht die nötigen Regionen entwickelt, um die Ereignisse in Geschichten zu übersetzen, an die Sie sich erinnern können. Die Art und Weise, wie Ihr Gehirn Erinnerungen speichert, ist spektakulär und facettenreich. Es speichert Erinnerungen von Ereignissen wie Geburtstagspartys anders als Informationen wie die Hauptstädte von Ländern. Auf wieder andere Weise speichert es Erinnerungen für Vorgänge wie Zähneputzen, und noch einmal anders ist es beim räumlichen Gedächtnis, wie der Erinnerung an den Weg zu einem vertrauten Ort.[33] Neurowissenschaftliche Forschungen haben nachgewiesen, dass man Erinnerungen weit über das hinaus speichert, was man bewusst mit Worten abrufen kann.[34]

Die Forschung legt außerdem nahe, dass man üblicherweise ab dem Alter von etwa sieben Jahren beginnt, bewusste Erinnerungen zu haben.[35] Aber – jetzt kommt's – die Jahre *vor* dem Alter von sieben Jahren sind für die Entwicklung des Gehirns am wichtigsten. Ihr Quellcode, die Bildung der ursprünglichen Muster dafür, wer Sie als Erwachsener sein werden, fand in einer Zeit statt, auf die Sie keinen vollständigen Zugriff haben. Es ist zutiefst erschreckend und furchteinflößend, wenn man sich klarmacht, dass wir nicht der Erschaffer unserer innersten Geschichte sind, sondern vielmehr eine Figur darin. (Ich kann mir kein stärkeres Argument für die verblüffende Interdependenz der Menschen denken.)

Die Strategien, die Sie als Kind entwickelt haben, waren brillant, um Sie durch die Kindheit zu führen, aber sie verlieren mit der Zeit mehr und mehr an Effektivität. Wenn Ihr Vater zum Beispiel ein gefährlicher Mann war, wäre es für Sie als kleines Kind eine gute Anpassung gewesen, ihm alles recht zu machen. Wenn Sie diese »Codierung« jedoch in Ihr Erwachsenenleben mit hineinnehmen, sodass Sie jetzt allen Menschen, die Macht haben, alles recht machen –, nun, dann ist das keine so gute Anpassung mehr. Strategien, die für uns mit sieben Jahren funktioniert haben, behindern uns mit 47.

Forschungen aus verschiedenen Bereichen, unter anderem der industriellen Organisationspsychologie und der klinischen Psychologie, zeigen, dass die Beziehung zu unseren Eltern die Art und Weise beeinflusst, wie wir uns selbst am Arbeitsplatz, als Eltern und als Partner verhalten.[36] Im Bereich der Arbeit zeigen Studien beispielsweise, dass Personen, die ihre Eltern als tröstend und ansprechbar erlebt haben, mit größerer Wahrscheinlichkeit als Führungskräfte in der Lage sind, sich zu verändern.

Das Neuverdrahten Ihres Quellcodes zielt darauf ab, die verinnerlichte – und oft unbewusste – Codierung aus der Kindheit zu verbessern, die Sie in der Gegenwart daran hindert, Ihre emotionale Stärke voll und ganz zu entfalten. Wir werden dies in vier Schritten vornehmen. Jeder Schritt baut auf dem vorherigen auf:

1. **Sich erinnern**: Zuerst müssen Sie sich an Ihren Quellcode erinnern, indem Sie einige Fragen beantworten, die Ihnen Unbewusstes ins Bewusstsein bringen sollen, damit man damit arbeiten kann.

2. **In Verbindung bringen**: Haben Sie sich einmal an Ihren Quellcode erinnert, bringen Sie ihn in Verbindung mit Ihrem Leben. Egal, was Ihnen passiert ist, wenn es auf Ihr heutiges Leben keinerlei Einfluss hat, wen kümmert's?

3. **Erkennen**: Haben Sie erst herausgefunden, wie Ihr Quellcode mit Ihrem heutigen Leben in Verbindung steht, so erkennen Sie nach und nach, inwiefern er Sie von einer stärkeren Entfaltung Ihrer Leadership abhält.

4. **Neu verdrahten**: Schließlich werden Sie Ihren Quellcode neu verdrahten, indem Sie die für Sie klaren und stärkenden Alternativen wählen.

Mir ist klar, dass es vielleicht mehrere prägende Persönlichkeiten in Ihrem Leben gab. Ich empfehle Ihnen aber dringend, sich auf die ersten

Personen zu fokussieren, die sich um Sie gekümmert haben, damit diese Übungen ihre größte Wirkung entfalten. Wer sich auch immer von der Geburt bis zum Alter von fünf Jahren am meisten um Sie gekümmert hat, hat die energetische Grundlage gesetzt, die heute Ihr Leben und Ihren Führungsstil bestimmt. Das können Ihre biologischen Eltern sein, Adoptiveltern, Großeltern oder ein älteres Geschwisterkind. Bei den meisten waren die Ersten, die sich um sie gekümmert haben, Mutter und Vater. Beachten Sie, dass selbst wenn eines Ihrer Elternteile nicht da war, diese Abwesenheit starke energetische Auswirkungen hat, die den gesamten Verlauf Ihres Lebens prägen. Mit anderen Worten, die Tatsache, ob unsere Eltern immer da waren oder nie da waren, prägt uns ausnahmslos zum Guten oder zum Schlechten.

Übung: Die vier Schritte zur Umgestaltung Ihres Quellcodes

Die Umgestaltung Ihres Quellcodes ist wesentlich dafür, dass Sie eine erwachsene Form Ihrer emotionalen Kraft entwickeln. Die folgenden Schritte werden Sie zu einem stärkeren Quellcode hinführen.

Schritt 1: Erinnern Sie sich an Ihren Quellcode

Sich aus der einschränkenden Konditionierung der Kindheit zu befreien, bedeutet, sich frei zu machen, um den eigenen Führungsstil zu verwirklichen, und zwar nicht so, wie Sie programmiert wurden, sondern so, wie Sie es wollen. Diese Übung wird Ihnen helfen, die Frage zu beantworten: Wie hat es sich damals angefühlt? Bevor Sie Muster ändern können, die Ihre heutige Stärke hemmen, müssen Sie bewusst auf die Quelle dieser Muster zugreifen können. Wie bereits erwähnt, ist ein Großteil der Muster, die Sie in der frühen Kindheit empfangen haben, in Ihrem Gehirn im unbewussten Gedächtnis gespeichert. Nur wenn Sie daran arbeiten, alte Codierungen ins

Bewusstsein zu holen, können Sie Ihre Muster ändern. Um die Wurzel Ihres Quellcodes zu erreichen, denken Sie über Folgendes nach:

IHRE ELTERN UND IHRE MACHT. Für ein Kind ist die positive Aufmerksamkeit der Eltern die stärkste Energie der Welt. Welche Muster haben bei Ihnen meist funktioniert, um die positive Aufmerksamkeit Ihrer Eltern zu bekommen? Hier sind ein paar Beispiele. Stellen Sie sich eine Antwort zusammen, die am besten zu Ihren Erfahrungen passt.

Um die positive Aufmerksamkeit meiner Eltern zu bekommen, musste ich meinem Gefühl nach

- recht haben,
- sehr erfolgreich sein oder gewinnen (z. B. in Sport, Schule, durch Argumente),
- keine Fehler machen,
- mich sozial verhalten (z. B. höflich sein),
- tun, was andere wollten,
- attraktiv sein,
- sportlich sein,
- dünn sein,
- ruhig sein,
- sehr verantwortungsvoll sein,
- stark sein,
- anderen gute Laune machen, wenn sie schlechter Laune sind,
- mich um andere kümmern,
- im Haushalt helfen,
- viel leisten,
- nicht emotional sein oder hyperrational,
- lustig sein, denn das war die einzige Zeit, in der das Streiten aufhörte.
- Formulieren Sie Ihren eigenen Satz: ____________________
____

IHRE ELTERN UND IHR SCHMERZ. Ihre Eltern sind auch nur Menschen und haben Ihnen deshalb zwangsläufig Schmerz zugefügt. Was waren die häufigsten Arten, auf die Ihre Eltern Ihnen Schmerz zufügten? Hier sind ein paar Beispiele. Stellen Sie sich eine Antwort zusammen, die am besten zu Ihren Erfahrungen passt.

Meine Eltern haben mich verletzt, wenn sie

- mich ignorierten,
- mich kritisierten oder beschämten,
- sich zu stark auf mich verließen,
- mich mit anderen verglichen,
- mir zu viel von ihren Emotionen zeigten,
- mich oder andere anschrien,
- mich oder andere physisch misshandelten,
- mich oder andere verbal beleidigten,
- mir sagten, ich sei unvernünftig/egoistisch,
- mich idealisierten,
- mir das Gefühl gaben, ich sei ihr Retter,
- mir das Gefühl gaben, dass ihre Träume im Leben von mir abhingen,
- überheblich waren,
- sich zu sehr auf meine Hilfe im Haus verließen (z. B. mit kleinen Geschwistern; bei der Hausarbeit; bei ihren Problemen).
- Formulieren Sie Ihren eigenen Satz: ______________________
  ____

IHRE ELTERN UND DEREN SCHMERZ. Was haben Sie bei Ihren Eltern beobachtet, welches Verhältnis sie zu ihrem eigenen Schmerz hatten? Mit anderen Worten, was haben Ihnen Ihre Eltern beigebracht, während Sie ihnen zusahen, wie sie mit Stress, Frustration, Erschöpfung, Traurigkeit, Enttäuschung oder anderen schmerzlichen Emotionen umgingen? Auf der folgenden Seite sind ein paar Beispiele. Stellen Sie sich eine Antwort zusammen, die am besten zu Ihren Erfahrungen passt.

Meine Eltern haben

- still akzeptiert, dass sie aufgewühlt waren,
- sanft um etwas Zeit von angemessener Dauer für sich selbst gebeten,
- sich um sich selbst gekümmert,
- ihren Schmerz auf entwicklungsgemäß angemessene Weise für die Eltern-Kind-Beziehung mitgeteilt (z. B. »Mami ist gerade traurig, aber Traurigkeit ist ganz normal. Du musst dir keine Sorgen machen.«),
- kurz angebunden oder ruppig geantwortet,
- andere kontrolliert,
- sich auf Angst einflößende oder gewalttätige Weise verhalten,
- Suchtmittel konsumiert oder anderes Suchtverhalten gezeigt (z. B. Spielsucht),
- sich entzogen oder verweigert (z. B. mit Schweigen gestraft; das Haus für einen längeren Zeitraum verlassen; sich im Schlafzimmer eingesperrt),
- sich in Arbeit gestürzt,
- passiv-aggressives Verhalten gezeigt,
- geschrien oder geweint,
- Wutanfälle bekommen,
- sich auf selbstzerstörerische Weise verhalten (z. B. »Bei mir geht immer alles schief« oder Verhaltensweisen wie den Job zu kündigen oder Veranstaltungen in letzter Minute absagen),
- die Arbeit anderer übermäßig kritisiert,
- anderen die Schuld gegeben,
- ihren Schmerz betäubt,
- ihren Schmerz verborgen.
- Formulieren Sie Ihren eigenen Satz: ____________________________
  ____

Die Antworten auf diese Fragen sollen Ihnen helfen, sich an Ihren Quellcode zu erinnern. Sehen Sie sich alle Antworten aus den Listen noch einmal an und erstellen Sie dann eine Zusammenfassung von allem, woran Sie sich erinnert haben. Indem Sie eine schlüssige Zusammenfassung erstellen, erinnern Sie sich an die frühen Muster, die Sie über Schmerz gelernt haben, sodass Sie besser und bewusst verstehen können, wie die alte »Codierung« Ihren heutigen Führungsstil beeinflusst. Diese Zusammenfassung ist sehr persönlich; Sie können sie so schreiben, wie Sie wollen. Wenn Sie mit Ihrer Zusammenfassung zufrieden sind, legen Sie sie in greifbare Nähe. Wir werden im nächsten Schritt noch weiter darauf aufbauen.

Hier ist ein Beispiel von Noah, einem brillanten Software-Ingenieur:

> »Um die positive Aufmerksamkeit meiner Eltern zu bekommen, musste ich – so komisch sich das anhört – möglichst wenig Aufmerksamkeit brauchen. Mein Vater legte enormen Wert auf Selbstständigkeit. Heute ist mir klar, dass sich das nicht wie Freiheit anfühlte; es fühlte sich an wie Vernachlässigung. Als ich sechs Jahre alt war, erklärte mir mein Vater, dass ich das Geld für meine Geburtstagsparty selbst verdienen müsse. Ich war sechs! Als ich 15 war, sagte mir mein Vater, ich solle für ihn zum Laden fahren. Als ich ihm sagte, dass es illegal sei, dass 15-Jährige allein Auto fahren, und dass ich Angst hatte, von der Polizei erwischt zu werden, sagte mein Vater: »Fahr einfach wie ein Mann, dann muss ich mir keine Sorgen um die Polizei machen.« Einmal wurde ich angehalten und auf die Polizeiwache gebracht. Es dauerte Stunden, bis mein Vater mich abholte. Als ich ihn fragte, warum er mich so lange warten ließ, sagte er, um mir eine Lektion über dumme Entscheidungen zu erteilen. Es war zum Verrücktwerden. Mein Vater brachte mir bei, dass es gefährlich sei, von jemand anderem abhängig zu sein. Meine Mutter verletzte mich durch ihre Passivität – sie war wunderbar, aber zu sehr darauf bedacht, keinen Streit mit meinem Vater zu haben, also verteidigte sie mich nie, wenn er streng mit mir war oder mich vernachlässigte.«

Schritt 2: Stellen Sie die Wichtigkeit des Quellcodes wieder her

Jetzt, da Sie die Energien des Schmerzes aus Ihrer Kindheit identifiziert haben – entweder solche, die Sie direkt von Ihren Eltern erfahren haben, oder solche, die Sie bei Ihren Eltern beobachtet haben –, können Sie diese Lektionen aus der frühen Phase Ihres Lebens damit in Verbindung bringen, wie Sie heute Führung praktizieren.

Beachten Sie dabei, dass die Energie Ihrer Kindheitsmuster sich vorwiegend entweder als *kausale* Energie darstellt (*wegen*) oder als *gegensätzliche* Energie (*trotzdem*). Die Aussage »Ich habe mich permanent von meiner Mutter kritisiert gefühlt und heute kritisiere ich mein Team« ist ein Beispiel für eine *kausale* Energie. Wenn Sie jedoch das Gegenteil dessen tun, was man Ihnen angetan hat, ist das *gegensätzliche* Energie. Zum Beispiel: »Mein Vater war sehr unzuverlässig. Ich habe erlebt, wie er Jobs verlor und dann Schwierigkeiten hatte, Arbeit zu finden. Ich dagegen bin extrem zuverlässig – so zuverlässig, dass ich manchmal sogar starr und unnachgiebig bin.«

Hier ein paar Beispiele, wie diese frühe Codierung aus der Kindheit die Quelle für Ihren heutigen Führungsstil sein könnte:

- Wenn Sie als Kind immer auf der Hut vor den explosiven Launen Ihrer Eltern sein mussten, kann es sein, dass Sie sich heute inkonsequent, unzuverlässig oder unverantwortlich verhalten.
- Wenn Sie permanent das Gefühl hatten, der Beste sein zu müssen, könnte es sein, dass Sie sich heute auf aggressive oder übertrieben wettbewerbsorientierte Weise verhalten, oder Sie sind nicht in der Lage, auch nur die kleinste Niederlage zu ertragen.
- Wenn Sie sich von Ihren Eltern permanent vernachlässigt fühlten, haben Sie vielleicht heute ein Problem damit, mit anderen Menschen Kontakt aufzunehmen und zu halten.
- Wenn Sie sich permanent von Ihren Eltern beurteilt fühlten, haben Sie vielleicht heute ein Problem damit, sich gut genug zu fühlen.

- Wenn Sie als Kind permanent das Gefühl hatten, nicht gesehen zu werden, könnte es sein, dass Sie sich heute nie ausreichend anerkannt fühlen.
- Wenn Sie sich von Ihren Eltern permanent kontrolliert fühlten, könnte es sein, dass Sie heute so unabhängig sind, dass es schwer ist, mit Ihnen zusammenzuarbeiten.
- Formulieren Sie Ihren eigenen Satz: ______________________
  ____

Achten Sie auch darauf, ob es irgendwelche Muster gibt, die Sie bei Männern, aber nicht bei Frauen anwenden – und umgekehrt. Nicht selten reagieren Menschen unterschiedlich auf Männer und Frauen. Zum Beispiel arbeitete ich mit einem CHRO, Eli, zusammen, der mit Männern kein Problem hatte. Sein Chef, der CEO eines großen internationalen Unternehmens, war ein Mann, und Eli fühlte sich wohl in seiner Nähe. Doch Eli war eingeschüchtert gegenüber Frauen und benahm sich ihnen gegenüber übermäßig nett und freundlich, auch gegenüber Kolleginnen, die ihm unterstellt waren. Eli hatte Angst vor seiner Mutter gehabt, fühlte sich bei seinem Vater jedoch sicher.

Kehren Sie nun mit all dem im Hinterkopf zu Ihrer Zusammenfassung zurück. Ausgehend davon, was Sie geschrieben haben, fügen Sie hinzu, wo Sie erkennen, dass Ihr Quellcode Sie heute beeinflusst, wo er eine Relevanz hat. In diesem Teil Ihrer Zusammenfassung sollten Sie etwas finden, was Sie in Ihrem Leben schon lange wollten, aber nie erreichen konnten. Es könnte alles Mögliche sein – eine Beförderung, Ihr Unternehmen vergrößern, von Ihren Kindern mehr respektiert zu werden oder von Ihrem Partner verstanden zu werden. Im Relevanz-Teil Ihrer Zusammenfassung wird die Frage beantwortet: »Was aus den Erfahrungen meiner Kindheit erinnert mich daran, was ich in meinem heutigen Leben nicht habe?« Denken Sie nicht viel darüber nach und urteilen Sie nicht. Schreiben Sie es einfach auf.

In Noahs Fall war es so, dass er schon lange ein größeres Team leiten wollte, man ihm dies aber schon mehrfach verweigert hatte. Kehren wir zurück zu seinem Beispiel:

> »Eine Zeitlang wollte ich bei der Arbeit mehr Mitarbeiter führen, aber ich bekomme bei meiner Leistungsbeurteilung immer wieder das Feedback, dass ich lernen müsse, wie man effektiver mit Menschen zusammenarbeitet – wie man sich mehr auf sie verlässt und ihnen andererseits zeigt, dass sie sich auch auf mich verlassen können. Mit Blick auf meinen Quellcode erkenne ich, dass mein Familienethos lautete »Jeder für sich«. Als Kind hatte ich viel zu viel Freiheit und musste im Grunde alles selbst herausfinden. Was ich nicht lernte, war, um Hilfe zu bitten, und weil ich meine Eltern nicht um Hilfe bitten durfte, lernte ich auch nicht, wie man anderen hilft. Ich habe sogar in meinen 360-Grad-Feedbacks gehört, dass die Leute Angst haben, mich um etwas zu bitten, weil sie sagen, ich würde »verärgert« aussehen, und dass ich Menschen ignorieren würde, die keine High Performer sind. Aber die Wahrheit ist: Ich bin überfordert. Ich weiß einfach nicht, wie ich ihnen helfen kann. Ich fühle mich schlecht, weil ich ihnen nicht helfen kann, und ich mache mir Sorgen, dass ihre Unfähigkeit, das Problem zu lösen, mich selbst auch aus der Bahn wirft. Dieser Quellcode hat mir so viel geholfen, weil ich die ganze Zeit mit dem Kopf durch die Wand wollte, um im Beruf voranzukommen und mehr Leute unter mir zu haben. Ich weiß jetzt genau, wo ich nicht vorankomme, und woran ich arbeiten muss.«

Schritt 3: Erkennen Sie Ihren Quellcode

Sobald Sie sich über die allgemeine Relevanz Ihrer Kindheitsprogrammierung für Ihr heutiges Leben im Klaren sind, können Sie herausfinden, welche *spezifischen* Verhaltensweisen Ihr Quellcode verursacht, die Ihren Führungsstil im Beruf und zu Hause schwächen.

Immer wenn Ihr Kindheits-Quellcode getriggert wird und Sie danach handeln, können Sie nicht *bewusst* aus der ungefilterten Kraft Ihrer emotionalen Präsenz handeln. Sie *reagieren* nach einem alten Kindheitsmuster. Es ist ein großer Unterschied, ob Sie wütend sind oder Trigger-wütend. Wenn man Ihnen im Straßenverkehr rücksichtslos die Vorfahrt nimmt und Sie sich die nächsten zwei Kilometer darüber aufregen, ist das Wut. Aber wenn Sie nächste Woche immer noch davon sprechen, ist das Trigger-Wut. Wenn Sie auf einen Kommentar von Ihrem Ehepartner oder im Gespräch mit einem Kollegen *über*reagieren, liegt das daran, dass Ihr Quellcode getriggert wurde. Doch solange Sie nicht erkennen, dass ein Großteil dessen, was Sie getriggert hat, alte Energie ist und keine echte, heutige Interaktion, werden Sie auf der Trigger-Ebene stecken bleiben.

Bei meiner Arbeit mit Nina, einer leistungsstarken Führungskraft und Mutter von drei kleinen Kindern, verbrachten wir beträchtliche Zeit damit, ihren Quellcode zu erforschen. Ninas primärer Schmerz war, dass sie überreagierte – sie ging zu schnell und zu oft hoch. Eines Tages aß ihr Mann die letzte Essiggurke und stellte das leere Glas wieder in den Kühlschrank. Sie beschrieb den Vorgang, als sie das sah, so, dass sie von einem »heißen Zornesblitz« getroffen wurde. Sie schnappte sich das leere Glas und schrie: »Warum beuten mich alle in meinem Leben immer nur aus?!« Plötzlich brach sie in Gelächter aus. »Es war einfach so absurd, wie ich Mordio schrie, über Essiggurken und Ausbeutung. In dem Moment verstand ich, dass sehr viel von meinem Verhalten rein gar nichts zu tun hatte mit dem, wovon ich dachte, dass es damit zu tun hätte. Die Essiggurken haben meine Familie gerettet.«

Wenn Ihr Quellcode getriggert wird, reagiert das Nervensystem auf eine von fünf Verteidigungsarten. Die meisten haben schon einmal von der Kampf-oder-Flucht-Reaktion gehört, doch es gibt noch drei weitere Aktivierungsarten des Nervensystems, die Sie vielleicht ansprechen: Erstarren, Sich-klein-Machen und Zusammenbrechen. Wenn Sie alle fünf unten beschriebenen Verteidigungsreaktionen durchgelesen haben, beurteilen Sie, wie Ihr Nervensystem meistens reagiert, wenn Sie getriggert werden. Achten Sie auch darauf, ob Ihr Nervensystem in verschiedenen Umgebungen (z. B. zu Hause oder bei der Arbeit) oder bei verschiedenen Menschen unterschiedlich reagiert (z. B. Ihre Kinder oder Ihr Chef).

KAMPF. Die Reaktion »Kampf« tritt auf, wenn Sie aggressiv werden, sobald Sie getriggert werden. Diese Reaktion könnte so aussehen:

- aggressives Sprechen
- herablassendes Sprechen
- Schreien
- Aufstampfen
- Schlagen
- mit der Faust auf den Tisch schlagen
- aggressiv gegen Dinge vorgehen (z. B. Papier zerreißen, einen Stift werfen, eine Tür zuknallen)
- Ausgänge blockieren
- aggressives Unterbrechen
- kurzes, knappes Sprechen
- einschüchternde Körpersprache
- unhöfliche Gesten, wie Augenrollen oder Seufzen

Beispiel: Sie erinnern sich an Dave, die Senior-Führungskraft in einem großen Technikunternehmen, der gelernt hat, dass seine situationsbedingte Wut nur seine Energie der Demütigung verbarg. Bevor er seine Energie transformierte, verbrachte Dave eine Menge Zeit damit, wütend zu sein. Wenn sein Nervensystem aktiviert wurde, sprach er oft in drohender Weise mit seinen Mitarbeitern und sagte Dinge wie: »Ist mir egal, was Sie tun müssen, um das hinzukriegen; ich rate Ihnen aber dringend, dass Sie es hinkriegen.«

FLUCHT. Die Reaktion »Flucht« tritt auf, wenn Sie bei einem Trigger dazu neigen, so schnell wie möglich wegzukommen. Diese Reaktion kann so aussehen:

- Menschen meiden, die Sie triggern
- mit dem Haushalt beschäftigt sein, damit Sie nicht mit Ihrem Partner reden müssen
- nicht um Hilfe bitten, obwohl Sie es bräuchten, weil Sie zu viel Angst davor haben
- zu Meetings/gesellschaftlichen Anlässen zu spät kommen oder zu früh wieder gehen, um soziale Interaktionen zu vermeiden
- den Fernseher für die Kinder einschalten, damit Sie sich nicht auf sie einlassen müssen
- sich auf sein Smartphone fokussieren, um Interaktionen mit anderen zu vermeiden
- die eigenen Wünsche auf andere übertragen, weil Sie zu viel Angst haben, zu sagen, was Sie wollen
- Ausreden erfinden, warum Sie zu bestimmten Anlässen nicht kommen können

Beispiel: Als Alex, Führungskraft in Marketing und Kommunikation, von bestimmten Kollegen getriggert wurde, fiel es ihr schwer, zu ihrer Meinung zu stehen, weil sie Angst davor hatte, wie die anderen reagieren würden. Wenn sie also ein Projekt in eine neue Richtung lenken wollte, erzählte sie bestimmten Kollegen, dass die Veränderung die Idee von jemand anderem gewesen sei, anstatt für etwas einzustehen, was sie wollte.

ERSTARREN. Das Erstarren tritt ein, wenn Ihre Trigger-Reaktion aktiviert wird und Sie unfähig sind zu kämpfen oder vor einer Bedrohung davonzulaufen. Erstarren ist Unbeweglichkeit als Reaktion. Anders als bei der Kampf- oder Fluchtreaktion, die Ihr Nervensystem »beschleunigen«, fährt die Reaktion des Erstarrens das System herunter und versetzt

Sie in einen depressiven oder hypoerregten Zustand. Bei Kampf oder Flucht beschleunigt sich Ihr Herzschlag; bei der Erstarrung verlangsamt er sich.[37]

Die Erstarrungsreaktion tritt ein, wenn unser Gehirn entscheidet, dass wir der Bedrohung nicht direkt entgegentreten können und nicht in der Lage sind zu entkommen. Bei einer Bedrohung werden sowohl der sympathische als auch der parasympathische Zweig des autonomen Nervensystems aktiviert. Während jedoch die Kampf-oder-Flucht-Reaktion von der Aktivität des Sympathikus gesteuert wird, wird die Reaktion des Erstarrens von der Aktivität des Parasympathikus dominiert.[38] Zum Beispiel könnte eine Antilope, die einen Löwen bemerkt, versuchen, den Löwen weder zu bekämpfen noch vor ihm davonzurennen, sondern stattdessen erstarren, um nicht entdeckt zu werden.

In Ihrem Leben könnte das folgendermaßen aussehen:

- sich zu überfordert fühlen, um etwas zu tun
- das Gefühl haben, dass Ihre Energie plötzlich absackt (z. B. erst fröhlich zu sein und dann plötzlich niedergeschlagen)
- sich plötzlich erschöpft fühlen
- unfähig sein, zu sprechen
- unfähig sein, sich zu bewegen
- sich gelähmt fühlen; unfähig, irgendetwas zu tun
- sich betäubt fühlen
- sich apathisch oder uninspiriert zu fühlen
- abschalten
- Veränderung in der Stimme
- sich benebelt oder lethargisch fühlen; neben sich stehen

Beispiel: Shanice, leitende Kundenmanagerin bei einer globalen Consultingfirma, beschrieb ihren emotionalen Zustand während des Lockdowns 2020 so: »Ich bin der Typ energiesprühend, extrovertiert, geschäftstüchtig. Zurzeit erkenne ich mich kaum wieder. Ich sollte etwas empfinden, aber es ist, als hätte ich nicht einmal die Energie, um meine eigenen Gefühle zu fühlen. Ich bin einfach runtergefahren. Nicht traurig, aber runtergefahren: Energie niedrig, Stimmungstief, alles ist unten. Ich fühle mich von all dem wie gelähmt.«

SICH-KLEIN-MACHEN. Das »Sich-klein-Machen« tritt auf, wenn Sie getriggert werden und versuchen, es jemandem recht zu machen, nicht weil Sie es *wollen*, sondern weil Sie das Gefühl haben, Sie *müssten* das für Ihre Sicherheit tun. In der Forschung wird diese Form der Beschwichtigung – oder des People Pleasings – als eine Überlebensreaktion auf eine empfundene Bedrohung verstanden.[39]

Das kann sich darin äußern, dass Sie immer wieder

- Ja sagen, wenn Sie eigentlich Nein sagen wollen,
- jemandem schmeicheln oder Komplimente machen, um Ihre eigene Angst zu verringern,
- permanent überprüfen, ob jemand Sie mag,
- sich entschuldigen, auch wenn es unnötig ist,
- fragen, ob Ihnen jemand böse ist,
- handeln, als sei es Ihre Aufgabe, dafür zu sorgen, anderen ihre schlechte Laune zu vertreiben,
- sich nur anderen zuliebe für Aktivitäten verpflichten, die Sie eigentlich nicht tun wollen,
- sich nur wohlfühlen, wenn Sie wissen, dass sich andere wohlfühlen,
- erst die Bestätigung von anderen brauchen, um sich sicher zu sein,
- andere um Erlaubnis bitten, etwas zu tun, obwohl Sie deren Erlaubnis dazu gar nicht brauchen.

Beispiel: Matt, Direktor eines E-Commerce-Unternehmens, verhielt sich oft unterwürfig in der Kommunikation mit bestimmten Kollegen oder Kunden. Ein Kollege erwähnte einmal einen kleinen Fehler, den Matts Team gemacht hatte. Matt sagte, er konnte einfach nicht aufhören, daran zu denken und sich zu fragen, ob ihn der Kollege jetzt für einen inkompetenten Vorgesetzten hielt. Am Ende sandte er ihm eine übertriebene Entschuldigungs-E-Mail, in der stand: »Es tut mir sehr leid, dass wir Ihnen Unannehmlichkeiten bereitet haben. Wir garantieren Ihnen zu 100 Prozent, dass dies nicht wieder passiert.« Wichtig dabei ist, dass Matt diese E-Mail nicht senden *wollte*, sondern das Gefühl hatte, er *müsse* das tun.

ZUSAMMENBRECHEN. Dies ist die Energie, die getriggert wird, wenn etwas relativ Unbedeutendes schiefgeht, und Sie interpretieren es als Desaster. Das könnte folgendermaßen aussehen:

- eine Tendenz, in Katastrophensprache zu sprechen (»Das Ganze ist komplett ruiniert!« oder »Das kann man nie mehr in Ordnung bringen.«)
- kleine Fehler als große Probleme sehen (»Wenn in der E-Mail ein Tippfehler ist, werden die Leute mich für inkompetent halten.«)
- sich Worst-Case-Szenarien ausmalen (»Wenn ich diese Präsentation nicht hinbekomme, ist meine gesamte Karriere gelaufen.«)
- Schwierigkeiten haben, darüber wegzukommen oder weiterzumachen, wenn etwas nicht nach Plan läuft
- glauben, dass eine Beziehung am Ende ist, wenn Sie von jemandem enttäuscht werden
- Schwarz-Weiß-Denken (z. B. zu denken, dass Sie immer unrecht haben oder jemand anders immer recht)
- Perfektionismus als Messlatte für Sicherheit ansetzen (»Jeder muss meine Idee gut finden, sonst ist sie ganz schlecht.«)
- sich weigern, nach einer Unstimmigkeit wieder mit jemandem umzugehen, bis er »es wieder in Ordnung gebracht hat«

Beispiel: Adriana war führend in ihrer Branche in Human Resources. Aufgrund ihres Expertenwissens wurde sie gebeten, als Hauptrednerin bei einem großen virtuellen Event zu sprechen. Während der Konferenz hatte ihre Internetverbindung einen kurzen Aussetzer, bei dem ihr Bildschirm einfror. Die Verbindung wurde schnell wiederhergestellt und der Rest ihres Vortrags war makellos. Obwohl sie von den Zuhörern begeistertes Feedback auf ihren Vortrag erhielt, die eine Online-Umfrage darüber ausgefüllt hatten, beharrte Adriana darauf, dass ihr Vortrag ein »komplettes Desaster« gewesen sei.

Schritt 4: Wie Sie Ihren Quellcode umgestalten

Jetzt, wo Sie wissen, wie Ihr Quellcode aussieht und was Sie reflexartig tun, wenn er aktiviert ist, ist es an der Zeit, ihn so umzugestalten, dass er Ihnen emotionale Kraft verleiht. Zeichnen Sie auf einem Blatt Papier zwei Spalten. Über die linke Spalte schreiben Sie »Schmerz durch meinen Quellcode« und über die rechte »Umgestaltung meines Quellcodes«. (Siehe Tabelle 3 auf Seite 139)

Schreiben Sie unter »Schmerz durch meinen Quellcode« jede Ihrer Verhaltensweisen auf, die Sie nicht mögen, wie Sie es in der Übung gelernt haben. Damit diese Übung die größtmögliche Wirkung hat, sollten Sie die Verhaltensweise genau beschreiben, die Ihnen nicht gefällt, und sie mit Ihrer Kindheit in Verbindung bringen. Schreiben Sie zum Beispiel nicht: »Ich entschuldige mich zu viel«, sondern: »Ich entschuldige mich dauernd bei meinen männlichen Kollegen. Das erinnert mich daran, wie ich mich früher bei meinem Vater entschuldigt habe, damit er nicht ausrastet.« Schreiben Sie nicht: »Manchmal bin ich kritisch«, sondern: »Wenn mein Partner versucht, die Kinder zur Schule zu bringen, werde ich kritisch und sage ihm, dass er die Kinder morgens nicht so hetzen soll, weil das ein schlechter Erziehungsstil ist. Das erinnert mich daran, dass meine Mutter mir immer vorgeschrieben hat, wie man es besser macht.«

Beschreiben Sie bestimmte Personen und Situationen. Das geht nur Sie etwas an und Sie können es so machen, wie Sie wollen. Es gibt hier kein richtig oder falsch. Schreiben Sie einfach alles auf, was Sie umgestalten möchten.

Im Folgenden finden Sie einige weitere Beispiele, die Ihnen dabei helfen sollen:

- Lon, der schon etwas länger in unserem Unternehmen ist, schüchtert mich ein, und ich laufe vor ihm weg. Ich versuche, alle Meetings mit ihm zu meiden, und wenn das nicht geht, rede ich nicht, wenn ich in seiner Nähe bin.
- Wenn Laura nicht meiner Meinung ist, neige ich dazu, passiv-aggressiv zu reagieren, indem ich auf ihre E-Mails nicht antworte.
- Als Unternehmer zeige ich mich nicht so häufig in der Öffentlichkeit, wie ich sollte, weil ich immer Angst habe, beurteilt zu werden. Ich war so ein Kind, das in einer Prüfung 99 Prozent bekam, und das Erste, was mein Vater fragte, war: »Welche Frage hast du falsch beantwortet?« Heute verbringe ich viel zu viel Zeit damit, »mich fertigzumachen«, und nicht genug Zeit damit, mich zu zeigen.
- Wenn meine Kinder sich über etwas aufregen, von dem ich eigentlich weiß, dass es relativ unbedeutend ist, breche ich total zusammen, fange an zu grübeln und frage meinen Partner immer wieder, ob ich ein furchtbarer Elternteil bin.
- Wenn die jüngeren Mitarbeiter in meinem Team keine so guten Leistungen bringen, wie ich gehofft hatte, bestrafe ich sie damit, dass ich sie ignoriere oder weniger auf sie reagiere.
- Ich mache mich zu oft klein, indem ich sage »Tut mir leid«.
- Ich mache anderen Komplimente, um meine eigenen Ängste zu verringern.

Schreiben Sie nun in die zweite Spalte *sehr detaillierte Alternativen.* Lassen Sie keinen Spielraum für Verwirrung oder Zweideutigkeiten. Beschreiben Sie 1) konkrete Verhaltensweisen, die Sie annehmen werden, 2) stärkere alternative Statements, die Sie ab jetzt machen werden, 3) die genaue Zeitspanne, innerhalb derer Sie diese neuen Verhaltensweisen implementieren wollen. Je mehr Sie sich dies zur Gewohnheit machen, um die Wahrheit in Ihr Leben zu bringen, desto stärker wird die Umwandlung sein. Tabelle 3 zeigt ein paar Beispiele, an denen Sie sich orientieren können.

Tab. 3:

Ihr Quellcode

Schmerz durch meinen Quellcode	Umwandlung meines Quellcodes
Ich mache mich klein, indem ich zu oft »Tut mir leid« sage. Ich habe mich andauernd bei meinem Vater entschuldigt, damit er nicht ausrastet.	Eine Woche lang werde ich mich bei niemandem entschuldigen.
Lon schüchtert mich ein, weil er zurückhaltend und kritisch ist. Mir ist klar geworden, dass seine Energie mich an meine Mutter erinnert. Wenn ich mit ihm in einem Meeting bin, spreche ich nur selten.	Egal was, ich werde in jeder einzelnen Interaktion, die ich mit Lon im nächsten Monat habe, etwas sagen. Auch wenn ich ihn einfach so im Gang treffe, werde ich etwas sagen. Wenn es mir passiert, dass ich erstarre und mir nichts einfällt, was ich sagen kann, ist mein Plan B, etwas über das Wetter zu sagen.
Wenn meine Kinder sich über etwas aufregen, von dem ich eigentlich weiß, dass es relativ unbedeutend ist, breche ich total zusammen, fange an zu grübeln und frage meinen Partner immer wieder, ob ich ein furchtbarer Elternteil bin. Das erinnert mich an meine Mutter, die sich ständig Bestätigung geholt hat.	Zwei Wochen lang werde ich meinen Partner um absolut keine Bestätigung bitten.

Wenn Sie sich diese Aufgaben ansehen, achten Sie einmal darauf, ob Sie sie zu extrem finden. Zum Beispiel könnten Sie finden, es sei unvernünftig, Ihren Partner *überhaupt nicht* um Bestätigung zu bitten. Wozu hat man dann überhaupt eine Beziehung, wenn man keine Hilfe bekommt, wenn man sie braucht? Dazu zwei Dinge: Erstens, beachten Sie, dass die Umgestaltungs-Übungen innerhalb eines *genau bestimmten Zeitrahmens* ablaufen. Es ist ja nicht so, dass Sie Ihren Partner niemals wieder um Hilfe bitten sollen; Sie sollen nur für einen bestimmten, vernünftigen Zeitraum keine Bestätigung von ihm einholen.

Zweitens, erinnern Sie sich an den neuroenergetischen Code 1, bei dem wir darüber sprachen, dass es nicht möglich ist, allem Schmerz zu entkommen – und dass Sie, je mehr Sie versuchen, allen Schmerz zu vermeiden, in Wahrheit Ihren Schmerz noch verschlimmern. In Code 1 haben Sie gelernt, sich einen stärkeren Schmerz zu suchen, eine neue Widerstandsebene, die Sie letztlich stärker machen wird. Es wird stressig werden, wenn Sie sich selbst die Bestätigung verweigern, die Sie sich sonst immer erbitten – und genau das ist der Punkt. Um unsere Analogie von der physischen Kraft noch einmal aufzunehmen, wenn Sie eine Meile in acht Minuten laufen wollen, können Sie nicht weiterhin Zehn-Minuten-Meilen laufen. Wenn Sie beim Versuch, Ihren Quellcode mithilfe von stärkeren Alternativen aufzubrechen, immer wieder Ausnahmen machen – nur dieses eine Mal ist es *wahnsinnig* wichtig, dass Sie sich bei Mary entschuldigen, dass Sie vergessen haben, sie auf den E-Mail-Verteiler zu setzen, oder Sie wollten ja wirklich etwas sagen, aber *es konnte doch jeder den Ausdruck auf Toms Gesicht sehen* –, werden Sie es nicht schaffen, Ihre emotionale Kraft über das Niveau hinaus zu entwickeln, das Sie derzeit aushalten können.

Eines müssen Sie wissen: Ihr Gehirn *wird* Ihnen Streiche spielen, während Sie daran arbeiten, stärker zu werden. Es *wird* Ihnen Panik machen und Ihnen sagen, dass Sie zu einem groben Klotz werden, den die ganze Welt hassen wird, wenn Sie nicht sofort – *und ich meine absolut unverzüglich* – [füllen Sie die Lücke]. Das ist nur ein kurzer Zusammenbruch des Gehirns und nichts, worüber Sie sich Sorgen machen müssen. Halten Sie das emotionale Zittern und den stärker werdenden Schmerz aus, das ist nötig, um es sich auf Ihrem neuen Power-Niveau bequem zu machen.

TEIL ZWEI

Verbundenheit mit anderen Menschen aufbauen

Verbundenheit mit anderen Menschen aufbauen

Neuroenergetische Codes, um mit anderen Menschen Verbundenheit herzustellen

Bevor wir weitergehen zum nächsten Code, um Ihre emotionalen Führungsfähigkeiten in Beziehungen aufzubauen, möchte ich Sie darauf hinweisen, dass die Ratschläge, die ich Ihnen ab hier anbiete, von anderer Natur sind als die vorherigen. Die ersten fünf neuroenergetischen Codes haben Ihnen geholfen, Ihre eigene emotionale Position zu korrigieren. Die fünf Codes lieferten Grundlagenwissen, um zu verstehen, wie Sie Ihre *intrapersonelle* Stärke aufbauen können – Ihre Fähigkeit, sich selbst zu führen. Bevor Sie anderen helfen können, müssen Sie erst das Niveau an emotionaler Intelligenz erreicht haben, auf das Sie andere bringen wollen. Genau wie Sie anderen keine Infinitesimalrechnung beibringen können, bevor Sie sie nicht selbst beherrschen, können Sie auch nicht andere Menschen in emotional schmerzlichen Zeiten anleiten, bevor Sie nicht wissen, wie Sie mit Ihrer eigenen Energie in emotional schmerzlichen Zeiten umgehen.

Wenn Sie Teil 1 kennen, wissen Sie, wie Sie Ihre eigene emotionale Kraft exponentiell steigern können. Jetzt können wir uns den drei *inter-*

personellen Codes zuwenden – dem Anleiten anderer Menschen. Wenn wir uns diesen Codes zuwenden, müssen wir verstehen, dass es ein Kernkonzept gibt, das allen Schmerz in Beziehungen hervorruft: Unterschiedlichkeit.

Wenn Menschen zu mir kommen, weil sie Probleme mit ihren Beziehungen haben, entweder zu Hause oder bei der Arbeit, fangen sie fast immer mit der Beschreibung einer ähnlichen Situation an wie den folgenden:

- Diese Person will dies tun, aber ich will jenes tun.
- Sie findet, wir sollten visionärer herangehen, aber ich finde, wir sollten es praktischer angehen.
- Er spricht mit mir in diesem Ton, aber ich will, dass er mit mir in jenem Ton spricht.
- Diese Person will dies mit dem Geld machen, aber ich will damit etwas anderes machen.
- Diese Person will unsere Zeit so verbringen, aber ich will unsere Zeit anders verbringen.
- Diese Leute wollen die Preise erhöhen, aber jene Leute nicht.
- Diese Leute glauben an diese Rechte, aber jene Leute nicht.
- Diese Leute wollen in dieses Land einmarschieren, aber jene nicht.

Es gibt unendlich viele Möglichkeiten, wie Menschen sich übereinander aufregen, sich über den anderen ärgern, verraten oder zurückgewiesen werden können. Wenn Sie nicht wissen, wie man emotional intelligent mit zwischenmenschlichen Differenzen umgeht, bereitet Ihnen das wahrscheinlich Schmerz. Sie positionieren sich jedoch auf emotionaler Ebene als sehr viel stärker, wenn Sie verstehen, dass jeder Konflikt dort anfängt, wo die Gehirnbereiche, die für Bedrohung zuständig sind, in der Reaktion auf Unterschiedlichkeit aktiviert werden.

Da wir in einer Welt leben, in der wir nicht lernen, wie man mit Unterschiedlichkeit intelligent umgeht, sind wir angesichts von Unterschiedlichkeit verwirrt, und wir interpretieren sie als gefährlich. Wir fühlen uns bedroht durch die Tatsache, dass andere sich auf eine Weise verhalten wollen, die wir nicht sinnvoll finden. Doch man kann Menschen nur in dem Maße intelligent führen, in dem man mit Unterschiedlichkeit umgehen kann.

Überlegen Sie einmal für einen Moment: Wie viele Menschen führen Sie derzeit? Wie viele Menschen sind Ihnen unterstellt? Wie viele Menschen unterrichten Sie? Wie viele Kinder haben Sie? Wie viele Follower haben Sie momentan in den sozialen Medien? Wie viele Menschen in Ihrer Familie sind von Ihnen abhängig? Wie viele Menschen richten sich regelmäßig nach Ihnen?

Stellen Sie sich vor, Sie hätten zurzeit ein Beratungsunternehmen und Sie bieten Gruppencoaching für etwa 20 Leute an. Diese 20 Leute sind mit Ihrer Anleitung sehr zufrieden; sie fühlen sich Ihnen sehr verbunden und schätzen das, was Sie ihnen inhaltlich vermitteln. Das bedeutet, Sie passen energetisch zu diesen 20 Kunden.

Und jetzt stellen Sie sich vor, Sie haben an einem Tag mit zwanzig Leuten angefangen, die sich für Ihr Programm angemeldet haben, und als Sie am nächsten Tag aufwachen, sind es 2000. Wahrscheinlich wäre dieser exponentielle Anstieg eine Überforderung für Ihr Nervensystem. Selbst wenn Sie anfangs vielleicht aufgeregt sind, würden Ihre Gedanken vermutlich sehr bald anfangen, vor Zweifeln zu rasen. Würden Sie so viele Menschen schaffen? Wie würden Sie zu all diesen neuen Kunden eine Verbindung aufbauen? Wären die Menschen zufrieden mit der Dienstleistung, die Sie anbieten? Sicher, 20 Leute können Sie zufriedenstellen, aber bei 2000 ist es unvermeidlich, dass Beschwerden kommen. Wie werden Sie auf diese Kritik reagieren?

Was hinter all der Panik der situativen Fragen steckt, ist die Energie, die all Ihre Ängste vereint: Worüber Sie in Wahrheit aufgebracht sind, ist, was mit Ihnen passiert, wenn es mehr *Unterschiedlichkeit* gibt, als Ihr Nervensystem bewältigen kann.

Was passiert, wenn die Menschen mit Ihnen uneins sind – wenn sie wütend auf Sie sind, unzufrieden mit Ihnen oder enttäuscht von Ihnen?

Selbst wenn Sie sagen, Ihre Bedenken sind eher logistischer Art – Sie machen sich beispielsweise Sorgen, dass Ihre Webseite die Besucherzahl nicht bewältigt –, denken Sie daran, es gibt kein Problem, solange es keinen emotionalen Schmerz gibt. Also müssen Sie irgendein *Gefühl* dabei haben, dass die Webseite nicht mehr aufrufbar sein könnte – und wahrscheinlich ist es etwas in der Art, dass Sie sich inkompetent, gedemütigt, beschämt oder beunruhigt *fühlen* würden, weil die Leute etwas anderes wollen, als Sie aktuell liefern können.

Früher habe ich in der Politik gearbeitet – im Weißen Haus, bei verschiedenen Präsidentschaftskampagnen und für eine politische Beratungsfirma. Was mir meine Arbeit in der Politik gezeigt hat, ist, dass Menschen zwar glauben können, dass sie mit der Energie von etwas umgehen können, für das sie eigentlich nicht die Voraussetzungen haben. Es gab zum Beispiel politische Kandidaten, die geschworen haben, dass sie dem Druck eines öffentlichen Amtes gewachsen seien, aber letztendlich nicht in der Lage waren, mit dem Druck umzugehen, so intensiv in der Öffentlichkeit zu stehen. Die Energie des Amtes – der Unterschied zwischen dem, was andere Menschen von ihnen verlangten, und dem, was sie für sich selbst wollten – war zu viel für ihr Nervensystem.

Es ist keine Schande, dass Ihr derzeitiges Energieniveau nur so hoch ist, wie es eben konditioniert ist. Es ist einfach so. Genau wie Sie keine Meile in neun Minuten laufen können, wenn Sie nur darauf konditioniert sind, eine Meile in elf Minuten zu laufen, hat Ihr Nervensystem eben nur die Kraft, das Ausmaß zu bewältigen, auf das es konditioniert ist. Das ist emotionale Mathematik. Genau deshalb ging es im ersten Code in diesem Buch ja auch darum, wie Sie Ihren Schmerz dazu einsetzen können, die Energiemenge zu erweitern, die Ihr Nervensystem bewältigen kann.

Im Moment gibt es eine bestimmte maximale Anzahl an Menschen, die Sie mit Überzeugung führen können, in Ihrem Team, Ihrer Organisation, Ihrem Haushalt oder sozialen Netzwerk, bevor Sie von den Unterschieden zu stark provoziert werden – ihren unterschiedlichen Bedürfnissen, Vorlieben, Terminplänen und Ideen. Wenn Sie diese Anzahl überschreiten, bevor Sie dazu bereit sind, wird Ihre Führung darunter leiden. Sie werden zu ängstlich sein, zu unsicher und überfordert, um eine starke Führungskraft sein zu können. Doch genau wie es keine optimale Laufzeit für eine Meile gibt, gibt es auch keine optimale Anzahl von Menschen, die Sie in Ihrer energetischen Sphäre bewältigen können. Es kommt einfach darauf an, was Ihnen am liebsten ist. Sie selbst bestimmen, wie Ihre Führung aussieht.

Doch egal wie viele Menschen Sie führen, es ist sehr wahrscheinlich, dass Sie in Ihren Beziehungen außergewöhnlich magnetisch wirken wollen – Sie wollen, dass die Menschen von Ihnen geführt werden *wollen.* Sie wollen, dass Ihr Team für Sie arbeiten will, dass Ihre Kunden bei Ihnen kaufen wollen, Ihre Kinder auf Sie hören wollen und Ihr Partner Ihnen vertrauen will. Wenn das so ist, müssen Sie verstehen, dass jedes zwischenmenschliche Problem auf zwei miteinander konkurrierende Antriebe im Gehirn zurückzuführen ist:

- den Drang nach Unabhängigkeit und
- den Drang nach Abhängigkeit.

Unabhängigkeit ist nur ein anderes Wort für Unterschiedlichkeit. Menschen haben einen tiefen Drang nach Freiheit – Freiheit, anders zu denken, anders zu arbeiten, anders zu fühlen und anders zu handeln. Ob man es nun Unabhängigkeit, Unterschiedlichkeit, freie Wahl, Autonomie oder Freiheit nennt, die Semantik spielt keine Rolle, denn die neurologische Grundlage ist hier der Drang des Individuums, sein Leben frei zu wählen, und zwar eines, das diesem Individuum am sinnvollsten erscheint.

Dieser Drang nach Unabhängigkeit zeigt sich schon sehr früh im Leben. Als meine Tochter noch nicht einmal zwei war, entwickelte sie eine sehr starke – und ständig wechselnde! – Vorliebe für die Farbe ihres Trinkbechers. Gott bewahre, wenn Sie ihr versehentlich den orangen Becher gaben, wo das gnädige Fräulein doch den gelben wollte. Oder den blauen. Oder den grünen.

Schon sehr früh in ihrer Entwicklung gab sie ihrem Drang nach Unterschiedlichkeit Ausdruck – ihrem Drang nach freier Wahl. Dieses Bedürfnis nach Unabhängigkeit ist sehr stark und kann in unseren Beziehungen enormen Schmerz verursachen. Aber der einzige Grund, aus dem der Drang nach Unabhängigkeit in unseren Beziehungen überhaupt irgendeinen Schmerz verursacht, ist, dass er mit einem konkurrierenden Bedürfnis gekoppelt ist: *dem Bedürfnis nach Abhängigkeit.*

Auch hier spielt es wieder keine Rolle, welches Wort Sie verwenden: Abhängigkeit, Verbindung, Nähe, Freundschaft, Liebe, Bindung oder Aufeinander-eingestimmt-sein. Die neurobiologische Notwendigkeit der Bindung zeigt sich von Beginn unseres Lebens an ganz deutlich. Das Nervensystem des Säuglings wird weitgehend von seiner Bindung an seine Versorger gesteuert. Die Bereitschaft der Eltern, ihr Baby zu füttern, zu halten, mit ihm zu sprechen und ganz allgemein auf seine Bedürfnisse einzugehen, ist eine Überlebensnotwendigkeit.[40] Doch diese Interkonnektivität unserer Nervensysteme endet nicht mit der Kindheit.

Forschungen aus der Interpersonellen Neurobiologie, einem Forschungsbereich, der untersucht, wie das Gehirn aufgrund von Beziehungen wächst und sich verändert, haben gezeigt, was viele von uns bereits wussten: Die Menschen um uns herum erregen unser Nervensystem auf gute oder schlechte Weise.[41] Unser Ehepartner besänftigt uns *und* macht uns wütend. Unsere Kinder machen uns Freude *und* enttäuschen uns. Unsere Kollegen unterstützen uns *und* bringen uns auf die Palme.

Jedes einzelne »Beziehungsproblem« auf der Welt ist zurückzuführen auf die Unterschiedlichkeit, die komplexe Dualität von Abhängigkeit und Unabhängigkeit. Es ist, als würde unser Gehirn sagen: »Ich will ja wirklich mit dir verbunden sein, es gibt da nur einen kleinen Haken: Ich bestimme, wie wir die Dinge hier machen.«

Bei Paaren beispielsweise kommt es oft vor, dass eine Person vielleicht tröstende Worte erwartet, wenn sie traurig oder niedergeschlagen ist. Doch der andere Partner glaubt vielleicht, dass es Liebe und Unterstützung ausdrückt, wenn er im Haushalt hilft (z. B. aufräumen, abspülen), wenn der Partner traurig ist. Beides sind absolut akzeptable Möglichkeiten, Liebe auszudrücken, aber Paare können sich zutiefst entfremdet fühlen, wenn sie unterschiedliche Vorstellungen davon haben, wie sich Liebe äußern sollte.

Wenn Sie ein Team leiten, kann das so aussehen: Ich bin superfroh, mit Ihnen zusammen an diesem Projekt zu arbeiten. Dieses Projekt ist ziemlich komplex und ich könnte es auch wirklich niemals ohne Ihr Fachwissen schaffen. Aber Sie müssen vorab wissen, dass ich einige wichtige Gutachten eingeholt habe, und wenn wir uns nicht einig sind, werden wir es deshalb so machen, wie ich es sage.

In der Kindererziehung kann dies so aussehen: Ich liebe dich sehr, mein Kind, und ich weiß, was für dich das Beste ist, also iss jetzt dieses Essen, zieh diese Kleidung an oder mach jene Aktivitäten. Nein, nicht diese. Die anderen.

Beachten Sie auch, wie zerstörerisch die Konsequenzen sind, wenn man nicht weiß, was das Gehirn tut. Zum Beispiel arbeite ich oft mit Eltern von Jugendlichen, die häufig sagen: »Mein Kind respektiert mich nicht«, worauf das Kind empathisch antwortet: »Aber ich respektiere dich doch! Ich mag bloß kein Mathe.«

Es hört sich vielleicht seltsam an, aber die Neurobiologie gibt Ihnen die Hoffnung, all Ihre Beziehungen zu retten und zu schützen. Wenn Sie zum Beispiel erkennen, dass die Vorlieben und Abneigungen Ihres Kindes nur der Drang des Gehirns nach Unabhängigkeit sind, und keine Ablehnung Ihrer Person, dann müssen Sie sich nicht mit schmerzlichen Geschichten herumquälen, dass das Kind Sie nicht respektiert oder schätzt. Es tut buchstäblich nur, wozu sein Gehirn gemacht wurde. Das ist ganz normales menschliches Verhalten.

Wenn die Menschen mich aufsuchen, kommen sie oft deswegen, weil die Menschen in ihrem Leben sich nicht so verhalten, wie sie es sich wünschen würden. Sie beginnen ihr Gespräch mit mir dann oft mit dem Satz: »Ich habe da ein Problem …«

Das ist die falsche Denkweise.

Sie haben kein Problem; Sie haben eine Beziehung. Alle wichtigen Beziehungen bringen unterschiedslos dieselbe Art von Spannung hervor. Und je wichtiger die Beziehung, desto mehr Spannung werden Sie wahrscheinlich empfinden. Die Qualität Ihrer Beziehungen – bei der Arbeit, zu Hause oder in Ihrer Gemeinde – hängt davon ab, ob Sie die Energie der Unterschiedlichkeit, die immer aus der Spannung zwischen Abhängigkeit und Unabhängigkeit entsteht, in Richtung Schmerz oder in Richtung Stärkung lenken. Wenn Sie starke Beziehungen schaffen wollen, müssen Sie verstehen, wie man durch die Spannung, die diese beiden konkurrierenden neurobiologischen Kräfte in Ihren Beziehungen unausweichlich produzieren, hindurchnavigiert. Dieser Teil des Buches bietet Ihnen drei neuroenergetische Codes an, die Ihnen die Möglichkeit geben werden, die emotionale Energie für Ihre wichtigsten Beziehungen zu nutzen:

- **Hören Sie auf, Befehle zu erteilen**: Wie man den ineffektiven Führungsstil von Befehl und Kontrolle loslässt
- **Lassen Sie Ihren Magnetismus wirken**: Wie Sie Ihren eigenen mühelosen Führungsstil entwickeln
- **Schaffen Sie Beziehungen mit Zukunft**: Wie Sie starke Beziehungen aufbauen – bei der Arbeit und zu Hause

Packen wir's an.

Code 6: Hören Sie auf, Befehle zu erteilen

Wie man den ineffektiven Führungsstil von Befehl und Kontrolle loslässt

Die Energie von Befehl und Kontrolle tritt extrem häufig bei der Arbeit, in der Erziehung, in Paarbeziehungen, in Bildungssystemen und sogar in den sozialen Medien auf. Energie von Befehl und Kontrolle bedeutet, dass man versucht, die Energie anderer zu kontrollieren – ihre Verhaltensweisen, Gedanken und Gefühle –, damit Sie keine Energie einsetzen müssen, um Ihre eigenen Verhaltensweisen, Gedanken und Gefühle zu ändern. Es ist die Energie, die sagt: »Tu du, was ich sage, damit ich mich nicht ändern muss.« Dieser Code zeigt Ihnen, wie Sie aufhören können, diese Energie zu verwenden, damit Sie stärkere und dynamischere Beziehungen mit mehr Verbundenheit aufbauen können.

Die Energie von Befehl und Kontrolle funktioniert theoretisch ganz großartig: Wenn ich *dich* nur dazu bringen kann, dich zu ändern, damit *ich* haben kann, was ich will, wäre das energetisch effizient. Doch Theorie beiseite, die Energie von Befehl und Kontrolle funktioniert nicht in lebendigen, dynamischen Beziehungen. In den heutigen schnelllebigen Organisationen und Haushalten verhindert die Energie von Befehl und Kontrolle Beziehungen von echter Verbundenheit, weil sie die Gleichheit blockiert. Wenn Sie anderen Befehle erteilen, damit sie sich so verhalten, dass es Ihren Interessen entspricht, während Sie deren Interessen übergehen, widerspricht dies dem grundlegenden Drang des Gehirns nach Unabhängigkeit. Wenn ich Menschen helfe, die Schmerzpunkte in ihren Beziehungen zu lösen, suche ich sofort danach, wo die Energie von Befehl und Kontrolle im Spiel ist. Ein paar Beispiele werden Ihnen das veranschaulichen:

- **Im Unternehmen**: Wenn ich mit Unternehmen zusammenarbeite, höre ich oft von Führungskräften, dass sie gestresst sind, weil sie nicht genügend »Selbstläufer« im Team haben. Aber wenn ich ihre Interaktionen analysiere, senden diese Führungskräfte oft widersprüchliche energetische Signale, indem sie zum Beispiel zu viele Fragen stellen, sich zu viel einmischen, zu viele Ratschläge erteilen oder zu viele Meetings abhalten. Ich habe es schon oft erlebt, dass Führungskräfte ihren Mitarbeitern tatsächlich sagen: »Ich möchte, dass Sie dieses Projekt komplett in Eigenverantwortung durchführen – Sie müssen es nur erst mit mir besprechen.« Das ist das, was ich als eine »energetische Null« bezeichne – die Botschaften hebeln einander aus und die Leute sind verwirrt und fragen sich: »Warte mal, soll ich jetzt selbstständig handeln oder mir ständig die Genehmigung einholen?« Das sind energetische Gegensätze!
- **In der Erziehung**: Wenn Kinder ein gesundes Unabhängigkeitsstreben von ihren Eltern entwickeln, kann das für Eltern stressig und ungewollt sein. Doch wenn Eltern ihren Kindern für ihre sich entwickelnde Unabhängigkeit keinen Raum lassen, verursacht das den Kindern erheblichen Schmerz. Ich habe einmal mit einer Mutter und ihrer jungen erwachsenen Tochter gearbeitet, die einen Konflikt in ihrer Beziehung hatten. Die Mutter behauptete, sie wolle, dass ihre

Tochter ausziehe, aber dann sandte sie widersprüchliche und kontrollierende Botschaften, wie: »Was ist, wenn du deinen Job verlierst und die Miete nicht mehr zahlen kannst?« oder »Es ist Zeit, dass du gehst, aber für mich wird es zu viel, mich allein um dieses große Haus zu kümmern.« Die Tochter versank in einem stressigen Sumpf der Gefühle: Einerseits wollte sie für sich die Unabhängigkeit, war aber verunsichert und wollte ihre Mutter nicht im Stich lassen.

- **In Bildungseinrichtungen**: Im Schulsystem arbeite ich mit Lehrern zusammen, um mit ihnen Erziehungs- und Bildungsansätze auf neuropsychologischer Grundlage zu entwickeln. Schüler werden oft ermuntert, ihre individuellen Stärken zu äußern, aber dann bekommen sie keine Möglichkeiten, diese Interessen zu verfolgen. Zum Beispiel haben manche Schüler vielleicht eine klare Vorliebe für Kfz-bezogene Themen oder Kulinarik, aber dann verlangt man von ihnen, dass sie traditionelle Fächer belegen, die nicht zu ihren Begabungen oder Interessen passen.
- **In der Liebe**: Langfristige Paarbeziehungen sind die komplexeste Beziehungsform überhaupt. Nirgends sonst ist die Spannung zwischen dem Wunsch nach Abhängigkeit und Unabhängigkeit größer. Ich hatte einmal ein Paar bei mir, das um eine Notfallsitzung gebeten hatte. Sie waren zu einer Tour aufgebrochen, die sie als romantisches Picknick geplant hatten. Doch während sie zu ihrem Picknickplatz wanderten, gerieten sie in einen fürchterlichen Streit darüber, wie man richtig zu einem Picknick wandert. Einer von beiden hatte eine Gangart eingeschlagen, die sich für den anderen nicht romantisch genug anfühlte. Das Bedürfnis nach Selbstbestimmung und das nach Verbundenheit – Unabhängigkeit und Abhängigkeit – prallen in diesem Beispiel sehr deutlich aufeinander. Der eigentliche Grund für das Picknick war das Gefühl von Verbundenheit gewesen, aber dann wurden die Differenzen der individuellen Vorlieben bei der Gangart zum Picknick so intensiv, dass das ganze Vorhaben dadurch verdorben wurde.

Sie sehen, wie sich die Energien in diesen Beispielen gegenseitig aufheben. In jedem Szenario kommuniziert jemand: »Ich möchte, dass du du bist«, aber gleichzeitig auch: »Aber du musst mich erst fragen, ob es mir recht ist!« Das ist, als würde man jemandem sagen: »Los! Nein, warte, stopp! Nein, los!« – und sich dann wundern, warum man das Gefühl hat, das Ganze kommt nicht in Gang.

Diese Szenarien kommen Ihnen vielleicht weit hergeholt vor – Sie würden zum Beispiel nie darauf bestehen, dass jemand zu einem Picknick auf bestimmte Weise wandert. Aber wenn wir uns verunsichert fühlen, greifen wir alle viel zu sehr auf die ineffektiven Energien von Befehl und Kontrolle zurück. Ich wurde einmal auf jemanden wütend, weil er sich weigerte, ein bestimmtes Adjektiv zu verwenden, um ein Projekt zu beschreiben, an dem ich gerade arbeitete. Es ist eine düstere Geschichte über Wörterbücher und eine Menge Diskussionen über die Bedeutung von Wörtern. 0 von 5 Sternen. Nicht zu empfehlen. Der Punkt hier ist, ich kann gar nicht genug betonen, wie präsent und mächtig die Energie von Befehl und Kontrolle in fast allen Beziehungen ist. Die Energie von Befehl und Kontrolle ist wie die Schwerkraft – so omnipräsent, dass man sie kaum bemerkt, und doch ist sie da und hat eine verdammt große Auswirkung auf unser Leben.

Machen wir einen kleinen Test, für etwas, was ich »energetische Kriegstreiber« nenne. Haben Sie jemals Folgendes getan, wenn jemand nicht Ihrer Meinung war? Haben Sie

- darauf bestanden, dass Sie recht haben, während der andere darauf bestand, dass Sie unrecht haben?
- versucht zu beweisen, dass jemand sich getäuscht hat?
- jemandem gesagt, dass er »es nur nicht verstanden hat« oder »einfach nicht versteht«?
- den Kontakt zu jemandem abgebrochen? Haben Sie sich zum Beispiel geweigert, zurückzurufen, oder ein Zusammentreffen mit

der Person vermieden, weil es Sie zu sehr frustrierte, dass sie nicht Ihrer Meinung war?

- jemandem Ratschläge erteilt und wurden dann wütend, wenn derjenige sie nicht berücksichtigt hat?
- versucht, jemanden für etwas zu begeistern, wovon der andere ganz klar kommuniziert hat, dass es ihn nicht interessiert? Sagen Sie zum Beispiel Dinge wie: »Versuch es doch einfach noch mal, ich *bin mir sicher*, dass es dir gefallen wird«?
- versucht zu erklären, warum Ihre Methode die »beste« ist? Haben Sie zum Beispiel immer wieder versucht, zu argumentieren, dass Ihre Idee die logischste, effizienteste oder sozialste ist?

All dies sind Beispiele für die Energie von Befehl und Kontrolle. Ich nenne sie »energetisches Tauziehen«, weil man in jedem der Fälle erkennen kann, wie einer versucht, die Energie in die eine Richtung zu ziehen, während der andere in die entgegengesetzte Richtung zerrt. Das Problem beim Tauziehen ist, dass alle Beteiligten dabei sehr viel Energie verbrauchen, aber niemand damit irgendetwas erreicht. Es ist nämlich so: Wenn Sie in eine Situation des Tauziehens geraten, liegt es daran, dass Sie die Kontrolle über Ihre eigene Macht verloren haben. Was Sie im Kern wirklich kommunizieren, ist: »Ich fühle mich so lange nicht sicher in dem, was ich glaube, denke oder tue, bis *du* auf meiner Seite bist, und zwar so, wie ich das will.«

Jetzt könnten Sie versucht sein, zu protestieren: »Aber mein Weg ist *wirklich* besser; ich habe *wirklich* recht.« Was ich nun sage, ist für viele schwer auszuhalten, aber es scheidet die emotional Durchschnittlichen von den emotional Außergewöhnlichen: Wenn Sie nicht von offenkundig objektiven Tatsachen sprechen (z. B. welchen Wochentag wir haben; welche Uhrzeit auf der Einladung stand; wann der Arzttermin ist), gibt es kein »Rechthaben« in starken Beziehungen. Sie haben die Wahl: Wollen Sie recht haben – oder starke Beziehungen?

Befreien Sie sich aus dem energetischen Tauziehen

Beim Tauziehen setzen Menschen sehr viel Energie ein und kommen doch kaum voran. Doch ein Tauziehen kann nur dann immer weitergehen, wenn Sie und die andere Person in etwa dieselbe Energie haben. Mit anderen Worten, wenn Ihre Energie entweder stärker oder schwächer ist als meine, ist das Tauziehen sehr schnell vorbei. Wenn Sie *permanent* Pattsituationen oder ein Hin und Her mit Ihren Mitarbeitern, Stakeholdern, Kindern, Ihrem Partner oder Menschen in den sozialen Medien haben, die Sie auf die Palme bringen, würde ich Ihnen vorsichtig nahelegen, dass Sie das genau passende Gegenstück zu dem sind, was Sie in den Wahnsinn treibt.

Die gute Nachricht ist, dass Sie diesen emotional schmerzhaften Kreislauf von jetzt auf gleich beenden können. Wie beendet man ein Tauziehen am schnellsten? Man lässt das Tau los.

Allzu oft stecken wir fest in einem ermüdenden Hickhack darüber, wer nun recht hat, wer besser oder klüger ist. Aber bei diesem Spiel gibt es keine Gewinner. Die Energie von Befehl und Kontrolle erstickt jede Beziehung im Keim, weil Menschen, vom Säugling bis zum Greis, nicht herumgeschubst werden wollen. Vielleicht protestieren Sie jetzt: »Aber warum muss *ich* das Tau loslassen? Warum kann *der andere* nicht das Tau loslassen?« Es scheint vielleicht, als ob das Tau loszulassen bedeutet, aufzugeben. Zu verlieren.

Das ist es aber nicht. Wir sprechen hier über emotionale Stärke der Spitzenklasse, über außergewöhnlich emotional intelligente Führung. Sehen Sie sich um: Viele Menschen sind gefangen in aufreibenden Kämpfen darum, wer recht hat, und alles, was dabei herauskommt, sind zerstörte Beziehungen. Das sagt uns vor allem eines: Die Bereitschaft, das Tau loszulassen, ist kein Zeichen für Schwäche. Es ist ein absoluter Power-Move.

Es ist sehr schwer, unsere Sicht davon, was »richtig« ist, zu überwinden. Ich weiß gar nicht, ob es irgendetwas gibt, was schwieriger ist, als anzuerkennen, dass das, was wir tun, wie wir denken oder sind, vielleicht nicht der einzig richtige Weg ist. Und genau das macht daran die emotionale Stärke aus. Das Rechthaben loszulassen bedeutet nicht, jedes Mal vor der Meinung anderer in Ihrem Umfeld zu kapitulieren. Es bedeutet, Sie fordern nicht mehr für etwas, wovon Sie ohnehin schon wissen, dass es wahr ist, die Bestätigung anderer ein. Es bedeutet, Sie fühlen sich nicht mehr bedroht durch die natürliche Neigung anderer, die Welt auf ihre eigene Weise zu erleben. Aus dieser emotionalen Haltung heraus führen Sie die Menschen hin zur großartigsten Beziehungsform, die es überhaupt gibt – Beziehungen, in denen sie sowohl verbunden als auch frei sein können.

Vielleicht denken Sie aber noch immer, dass die Energie von Befehl und Kontrolle gut funktioniert. Schließlich gibt es dafür jede Menge Beispiele. Wenn Sie aber genauer hinsehen, werden Sie erkennen, dass die Energie von Befehl und Kontrolle es Ihnen nicht ermöglicht, Ihr volles Führungspotenzial zu entfalten. Während Sie daran arbeiten, Ihren Griff des Rechthabens zu lockern, kann es eine Motivation für Sie sein, wenn Sie sich Folgendes klarmachen: Wenn Sie weiterhin anderen Befehle erteilen, wird die Art und Anzahl der Menschen, zu denen Sie Beziehungen pflegen können, beschränkt sein. Betrachten wir das Beispiel von Marc, leitender Angestellter einer Technikfirma.

Marc war blitzgescheit und sprach sehr schnell, wie ein Rechtsanwalt bei der Strafverteidigung. Er sagte, seine Führungsstrategie sei es, so lange zu diskutieren und zu argumentieren, bis die anderen ihm beipflichteten. Dieser Stil funktionierte zwar zu Beginn seiner Karriere gut, doch als er bei einigen sehr erfolgreichen Start-ups anfing, fiel ihm auf, dass »die Willenskraft und Intelligenz der Menschen zunahmen«. Mit anderen Worten, Marcs gewohnte Strategie, so lange zu diskutieren, bis die anderen kapitulierten, funktionierte nicht mehr.

»Ich war so frustriert, weil ich spürte, da war eine energetische Blockade, so, als ob ich immer bis zu einem bestimmten Punkt kam – und dann brach das Ganze in sich zusammen«, erzählte mir Marc. »Deshalb dachte ich, ich müsse mich noch mehr beweisen – also versuchte ich, den anderen noch unerbittlicher zu sagen, wie sie es machen müssen. Ich war entschlossen, der Schlauste von allen zu sein.«

Nachdem er aus drei Jobs entlassen worden war, wurde Marc klar, dass er mit seinem permanenten Bedürfnis, recht zu haben, nicht weiterkam; es ruinierte ihn. Nach einigem grundsätzlichen Nachdenken kam Marc eine tiefe Erkenntnis: Sein Bedürfnis, recht zu haben, bedeutete, dass die anderen mit ihm im Gleichschritt marschieren sollten.

Er erkannte, wenn er dieses Niveau an Zustimmung brauchte, konnte er nur einige wenige Menschen führen. Er hatte jedoch ehrgeizige Pläne, und wenn er realistisch war, konnte er auf keinen Fall erwarten, dass Dutzende oder Hunderte mit ihm in perfektem Gleichschritt marschierten.

Marc begann zu verstehen, dass er vom Bedürfnis nach der Bestätigung durch andere beherrscht wurde. »Ich erkannte, so lange ich es unbedingt brauchte, dass mir jeder zustimmt, bevor ich führen konnte, dann führte ich ja gar nicht wirklich.« Und Marc erinnerte sich: »Als es einmal Klick gemacht hat, veränderte sich mein Führungsstil für immer.«

Als er in der Lage war, sein Bedürfnis, recht zu haben, loszulassen, explodierte seine emotionale Stärke – und damit auch seine Karriere. Er landete bei einem der größten, erfolgreichsten Technikunternehmen der Welt als Leiter einer der größten Sparten. Zu Beginn seiner Berufslaufbahn dachte Marc, anderen Befehle zu erteilen, sei eine starke Führungsstrategie, aber erst als er bereit war, das Befehlen loszulassen, konnte er die emotional intelligente Führungskraft werden, die er sein wollte.

Es ist nichts Falsches an der Energie von Befehl und Kontrolle. Der Grund, aus dem wir alle die Energie von Befehl und Kontrolle überhaupt kennen, ist, dass sie uns in der Kindheit beigebracht wurde – die Zeit, in der das Gehirn die grundlegenden Lektionen darüber lernt, wie sich Führung anfühlt. Erkennen Sie einen der folgenden Befehle wieder?

- Setz dich hin.
- Nicht jetzt.

- Steh auf.
- Erzähl ihnen deine Geschichte.
- Hör auf damit.
- Behalt die Hände bei dir.
- Geh ins Bett.
- Sei ruhig.
- Iss das.

Ich vermute einmal, Sie kennen diese Sätze. In manchen Fällen kann die Energie von Befehl und Kontrolle auf wundersame Weise passen. Zum Beispiel, wenn jemand fast von einem Auto überfahren wird und Sie rufen: »Weg von der Straße!« oder wenn Ihr Kind gerade versucht, Sagrotan zu trinken, und Sie schreien: »Tu das weg!«, sind das effektive Anwendungsbereiche für die Energie von Befehl und Kontrolle. Doch die Energie von Befehl und Kontrolle hat ihre Grenzen.

Sie wollen ja zum emotional stärksten Ausdruck Ihres Führungspotenzials finden und dazu benötigen Sie ein differenzierteres Repertoire an zwischenmenschlichen Energien. In der Gesellschaft bildet sich ein immer stärkeres Bewusstsein dafür, dass Beziehungen, die auf Befehl und Kontrolle beruhen, nicht emotional stark sind. Doch wie jedes Problem wird es weiterbestehen, solange Sie die wahre Wurzel nicht kennen, aus der es entsteht.

Die Wurzel der Energie von Befehl und Kontrolle ist der Mangel an Vertrauen.

Man kontrolliert nur dort, wo man nicht vertraut. Prüfen Sie jedes Mal das Bremssystem Ihres Autos, bevor Sie aus der Garage fahren, oder bitten Sie um die Inspektion der Maschinen, bevor das Flugzeug abhebt? Wahrscheinlich nicht, weil Sie diesen Dingen so sehr vertrauen, dass es Ihnen nicht einmal in den Sinn kommt, sie infrage zu stellen.

Vielleicht glauben Sie, Sie erteilen anderen Befehle, weil Sie *diesen anderen* nicht vertrauen. Doch die Wahrheit ist: Sie vertrauen *sich selbst* nicht.

- Sie vertrauen nicht darauf, dass es *für Sie* in Ordnung wäre, wenn die anderen es nicht auf Ihre Weise tun, also erteilen Sie Befehle durch Kritisieren.
- Sie vertrauen nicht darauf, dass es *für Sie* in Ordnung wäre, Fehler zu machen, also erteilen Sie Befehle durch Mikromanagement.
- Sie vertrauen nicht darauf, dass *Ihre* Erklärung ausreichend war, also erteilen Sie Befehle durch übermäßiges Erklären.
- Sie vertrauen nicht darauf, dass *Sie* genug Zeit haben, also erteilen Sie Befehle, indem Sie andere unter Druck setzen, Ihnen die Antworten schneller zu liefern.
- Sie vertrauen nicht darauf, dass *Sie* sich schon genug bewiesen haben, also erteilen Sie Befehle, indem Sie von den Menschen in Ihrem Umfeld mehr verlangen.

Da ist zum Beispiel Jan, die mich aufsuchte, weil sie von ihren Mitarbeitern das deutliche Feedback bekam, dass sie sie mikromanagte. Ihre Teammitglieder beklagten sich, dass sie sich unterdrückt und kontrolliert fühlten. Jan erklärte mir, dass es ihr ganzer Stolz sei, Spitzenqualität zu liefern, wobei sie zugab, dass sie einen »fordernden« Führungsstil hatte.

Doch als wir tiefer gingen, stellte sich heraus, dass Jan so fordernd war, weil sie Angst hatte, die Kontrolle zu verlieren. Sie hatte zwar alles erreicht, was sie sich vorgenommen hatte – sie hatte Familie und eine glänzende Karriere –, musste jedoch zugeben, dass sie sich oft überfordert fühlte, anstatt stark und mächtig. Sie lamentierte, sie habe das Gefühl, immer allem hinterher zu sein, und sie merke, dass sie dabei war, in ihren Rollen als Führungskraft, Mutter und Ehefrau die Kontrolle zu verlieren. Jan hatte Probleme im Privatleben und ihr wurde klar, dass ihr oft vor den Wochenenden graute. Halb im Spaß sagte sie: »Ich mag die Arbeit, weil das der einzige Ort ist, an dem man noch auf das hört, was ich sage.«

Jan begann klar zu werden, je mehr sie sich in ihrem Leben überfordert fühlte, vor allem in ihrem Privatleben, desto mehr versuchte sie, ihr emotionales Gleichgewicht dadurch wiederherzustellen, dass sie ihre

Mitarbeiter kontrollierte. Erst als Jan begann, sich den Bereichen zuzuwenden, in denen ihre Energie durch »undichte Stellen« versickerte – indem sie das Gefühl von Kontrolle und Sicherheit verlor –, konnte sie wieder zu einem gesunden Gleichgewicht zurückfinden.

Übung: Stopfen Sie die Lecks, durch die Ihre Energie versickert

Um das Muster von Befehl und Kontrolle aufzugeben, probieren Sie die folgende Übung aus, um Ihre energetischen Lecks zu stopfen. Energetische Lecks sind die Stellen, an denen Sie die Kontrolle über Ihre emotionale Energie verlieren. Solange Sie das Gefühl haben, Sie haben nicht die Kontrolle über sich selbst, werden Sie versuchen, andere zu kontrollieren. Wenn Sie ihre Lecks stopfen können, werden Sie weniger das Bedürfnis haben, andere zu kontrollieren, und Sie werden in der Lage sein, sich in Ihren Beziehungen stärker zu zeigen. Ich erkläre Ihnen nun eine Übung in vier Schritten und gebe Ihnen dann zwei Beispiele, um ihre Anwendung zu veranschaulichen, eine in Tabellenformat und eine in erzählter Form.

1. Denken Sie an jemanden, auf den Sie die meiste Energie verwendet haben, im Versuch, diese Person zu überzeugen, zu kontrollieren, zu überreden, zu beeinflussen oder zu motivieren. Das kann *jede und jeder* sein, von einem widerspenstigen Mitarbeiter, der Ihnen massiv Ärger macht, bis hin zu einem Elternteil, den Sie verzweifelt davon überzeugen wollten, was er alles falsch gemacht hat. Suchen Sie sich jemanden aus, in den Sie wirklich tonnenweise Energie gesteckt haben, denn ich möchte Ihnen zeigen, wie Sie diese Beziehung auf dem direktesten Wege heilen können.
2. Finden Sie zwei bis drei Charaktereigenschaften dieser Person, die ihnen tiefen Schmerz bereiten. Zum Beispiel ist sie vielleicht kritisch oder unzuverlässig.

3. Finden Sie die undichten Stellen, durch die diese Energien in Ihre Beziehungen einsickern. Mit anderen Worten, wo in Ihrem Leben besitzen Sie *dieselbe* Energie, die man Ihnen zufügt und unter der Sie so leiden? Zum Beispiel, wenn Sie »kritisch« als Charaktereigenschaft gewählt haben, die Sie bei einer anderen Person stört, fragen Sie sich: »Wo in meinem Leben verletze ich andere, weil *ich selbst* kritisch bin?« Achten Sie darauf, ob Sie schon jetzt eine Abwehrreaktion auf diesen Schritt der Übung haben, indem Sie denken: »*Ich* bin doch nicht kritisch, der *andere* ist es!« Wenn Ihnen die Kritik einer anderen Person Schmerzen bereitet, haben Sie diese Energie ebenfalls in sich. Sie können ja nichts wiedererkennen, was Sie nicht kennen – und Sie können nichts kennen, was Sie nicht besitzen. Vielleicht kennen Sie Ihre eigene Energie unter einem anderen Namen, wie anspruchsvoll, detailversessen, anstrengend, pingelig, wählerisch oder fordernd. Aber irgendwo geben Sie dieselbe Art Energie an andere weiter, die Ihnen Schmerzen bereitet hat. Finden Sie heraus, wo das ist. Es gibt immer blinde Flecken oder Abwehrmechanismen. Wenn es Ihnen schwerfällt, fragen Sie andere, die Ihnen nahestehen, wo sie diese Energie sehen, die Sie ausströmen.
4. Heilen Sie die Energie dort, wo sie von Ihrer Seite durchsickert. Wenn Sie einmal herausgefunden haben, wo Sie kritisch sind, unternehmen Sie die nötigen Schritte, um das Verhalten zu stoppen. Oft zeigt sich die Kritik nicht in derselben Situation, in der sie Ihnen Schmerz bereitet hat. Zum Beispiel, wenn Ihr Vater kritisch war, sind Sie vielleicht nicht kritisch Ihrem Vater gegenüber, sondern vielleicht gegenüber Ihrem Ehepartner, Ihren Kindern oder Mitarbeitern. Heilen Sie es dort – und Sie werden sehen, dass die Energie, die Sie so belastet hat, Sie nicht mehr schmerzt.

Wenn Sie lernen, die Energie von Befehl und Kontrolle loszulassen, werden Sie sehen, dass sich das für Ihre Beziehungen weitreichend und positiv auswirkt. Vor allem werden Sie nach und nach mehr *Selbst*vertrauen gewinnen. Die folgenden beiden Beispiele veranschaulichen Ihnen dies in der Praxis.

Das erste Beispiel in Tabelle 4 ist Marti, eine erfolgreiche Selbstständige und liebevolle Mutter. Trotz ihres Erfolgs fühlte sie sich oft von ihrer Mutter verurteilt. Um diesen Schmerz zu bekämpfen, berichtete Marti, dass sie Unmengen an Energie aufgewendet hatte, um ihre Mutter davon zu überzeugen, ihr zu verdeutlichen oder ihr klarzumachen, dass sie erfolgreich genug war, klug genug und wertig genug. Tabelle 4 zeigt die Schritte, die Marti unternahm, um ihre energetischen Lecks zu stopfen.

Tab. 4:

Die energetischen Lecks

Schritte, um die energetischen Lecks zu stopfen	**Martis Fall**
Finden Sie das Leck: Benennen Sie die Person, auf die Sie Energie verwendet haben, um sie zu überzeugen, zu kontrollieren, zu überreden etc.	Martis Mutter
Benennen Sie die Eigenschaft, die Sie am meisten schmerzt.	Verurteilend
Finden Sie heraus, wo bei Ihnen dieselbe Energie durchsickert, von der Sie sagen, dass sie Sie bei jemand anderem schmerzt.	Marti machte sich klar, dass sie oft andere verurteilte (z. B. deren Arbeit, deren Erscheinungsbild, warum ihnen das viele Geld, das sie verdient haben, gar nicht zusteht, warum deren Unternehmen erfolgreicher sein sollte, als es ist etc.).
Heilen Sie Ihr Leck.	Marti arbeitete daran, andere nicht mehr zu verurteilen. In dem Maße, wie sie andere immer mehr akzeptierte, stieg auch ihre **Selbs**takzeptanz. Da ihre **Selbs**takzeptanz stärker wurde, brauchte sie die Akzeptanz ihrer Mutter weniger und war durch die Verurteilungen ihrer Mutter immer weniger betroffen.

Das zweite Beispiel ist der Fall von Ruben, einem Vice President Sales in einem Produktionsunternehmen. Obwohl er seinen Beruf eigentlich mochte, war er so gestresst durch einen einzigen aufbrausenden Mitarbeiter, dass er regelmäßig darüber nachdachte, sich einen neuen Job zu suchen. Aber der Gedanke, seinen Job aufzugeben, quälte ihn. Ruben beschloss schließlich, bevor er diesen Schritt unternehmen würde, würde er zunächst versuchen, in der Nähe dieses Mitarbeiters keine Trigger, Ängste oder Befürchtungen mehr zu verspüren.

Ich sagte Ruben, ich hätte gute Nachrichten für ihn – dass er sich seine emotionale Stärke zurückholen könne. Alles, was er tun musste, war aufzuhören, aufbrausend zu sein. Zunächst war Ruben verwirrt. Sein Kollege war es doch, der aufbrausend war, betonte er. Doch bald erinnerte sich Ruben an das turbulente Verhältnis zu seiner Schwiegermutter und seinen Nachbarn. Er erkannte, dass er jedes Mal, wenn seine Schwiegermutter vorbeikam, mit ihr in Streit geriet, und seine Frau sein Verhalten als launisch bezeichnete. Ihm wurde auch klar, dass er kein gutes Verhältnis zu seinen Nachbarn hatte. Ruben hatte regelmäßig Streit mit ihnen und schon mehrmals hatte er ihnen wegen relativ kleinen Störungen mit dem Anwalt gedroht.

Auch wenn Rubens anfängliches Problem sein Kollege war, war er bereit, sich erst einmal darauf zu konzentrieren, seine energetischen Lecks gegenüber seiner Schwiegermutter und seinen Nachbarn zu kitten. Während er seine Emotionen allmählich besser im Griff hatte, war er positiv überrascht, als er merkte, dass das Verhältnis zu seinem Kollegen ihn kaum noch störte. Warum war das so? Weil er, um die Beziehung zu seiner Schwiegermutter und seinen Nachbarn zu heilen, emotional stärker werden musste – zentrierter und *selbst*bewusster. Und das Gute an der emotionalen Energie ist, dass sie nicht von irgendeiner speziellen Situation abhängig ist. Wenn Sie es dort heilen, heilen Sie es überall.

Lassen Sie das Tau los. Sorgen Sie dafür, dass der Krieg vorbei ist.

Code 7: Lassen Sie Ihren Magnetismus wirken

Der Weg zum mühelosen Führungsstil

Wenn Sie das Prinzip Befehl und Kontrolle aufgeben, setzen Sie in Ihren Beziehungen Energie frei. Dies gibt Ihnen die Möglichkeit, eine viel stärkere Energie wirken zu lassen: die Energie Ihres Magnetismus. Magnetische Führung bedeutet, dass Ihnen andere folgen, weil sie sich von Ihrem Beispiel angezogen fühlen. Dies ist die stärkste Art des Führens, weil sie am meisten mit der Funktionsweise des Gehirns übereinstimmt. Die Menschen schließen sich Ihnen dann an, nicht weil Sie es ihnen sagen, sondern weil sie es selbst wollen – eine neurologische Win-win-Situation. Dieser Code zeigt Ihnen, wie Sie in Ihren Beziehungen diese magnetische Energie freisetzen können.

Magnetische Energie ist deshalb so wirkungsvoll, weil sie das optimale Gleichgewicht zwischen dem Streben des Gehirns nach gleichzeitiger Abhängigkeit und Unabhängigkeit herstellt. Wir haben alle schon von Führungskräften gehört, die andere mit ihrer authentischen Energie für ihre Mission magnetisch anziehen. Sie wollen uns nicht kontrollieren – es interessiert sie nicht, wie viel genau wir arbeiten, was genau wir tun und was nicht. Sondern sie sind auf eine höhere Mission fokussiert – und das ist für uns so attraktiv, dass wir von ihrer Energie angesteckt werden.

Wenn Ihre Handlungen der richtigen Energie entspringen – wenn Sie inspiriert handeln, weil Sie sich inspiriert *fühlen*, oder wenn Sie großzügig handeln, weil Sie großzügig *fühlen* – dann werden Beziehungen dadurch gefestigt. Kinder hören auf Sie, Mitarbeiter glauben Ihnen, Kunden lassen sich auf Geschäfte mit Ihnen ein und Partner vertrauen Ihnen. Ob Sie Menschen bei der Arbeit führen, online oder zu Hause, wenn die Menschen Ihrer Führung folgen, *weil sie es selbst wollen*, dann wissen Sie, dass Sie die stärkste Form von Beziehung aufgebaut haben, die es überhaupt gibt.

Ein Beispiel dafür ist Miles, Partner bei einem Consulting-Unternehmen, der als Führungskraft Erfolg hatte, indem er ein Team mit einer starken Arbeitsmoral aufbaute und dabei den Umsatz in weniger als zwei Jahren um rund 1000 Prozent steigerte. Miles sagt, der Hauptgrund seines großen Erfolges sei, dass seine Motivation in einer kollektiven Mission besteht – er hat seinem Team eine Vision vermittelt, der sie alle gemeinsam folgen. Miles erklärt, der nachhaltige Erfolg habe sich eingestellt, als »wir die Vorstellung ausgeräumt hatten, dass man eben irgendeine Aufgabe erledigen müsse, und anfingen, uns auf eine Mission zu fokussieren, die wir gemeinsam erfüllen wollten. Ich habe festgestellt, je mehr ich aufrichtig an diese gemeinsame Mission glaube, desto mehr werde ich zu dem Vorgesetzten, dem die Menschen folgen *wollen*.«

Miles erklärt, dass ein Teil seines Erfolges – ein Teil seiner magnetischen Anziehungskraft – darin besteht, dass er nicht versucht, die Lorbeeren für sich zu beanspruchen. Er sagt: »Ich brauche keine Anerkennung für irgendetwas. Ich habe sogar meine persönlichen Verkaufsziele gestrichen, weil ich sonst mit meinem Team darüber verhandeln müsste, wie groß mein Anteil an einem Geschäft wäre, und so kann man kein Team aufbauen. Also habe ich mein Team so strukturiert, dass ich überhaupt kein Verkaufsziel habe und nur am Erfolg meines Teams als Ganzes gemessen werde. Als ich anfing, mein Team auf diese Weise zu strukturieren, war das etwas völlig Neues – aber die Ergebnisse waren verblüffend.«

Durch diesen Ansatz verschaffte sich Miles einen mühelosen Führungsstil. Weil er ein Umfeld geschaffen hatte, in dem die Menschen *sowohl* eigenverantwortlich handeln *als auch* kollektiv etwas bewirken konnten, folgten die Teammitglieder ihm, weil sie es wollten. Als Führungsperson bei der Arbeit wie im privaten Umfeld ist es Ihre Aufgabe, ein Umfeld zu schaffen, in dem die Menschen auf die ganze Fülle ihrer emotionalen Stärke zugreifen können – auf die Kraft von Gefühlen wie Zugehörigkeit, Begeisterung, Weiterentwicklung, Sicherheitsgefühl, Authentizität, Vertrauen und Verbundenheit. Sie sind das emotionale Vorbild, nach dem sich Ihre Leute orientieren. Wie gut Sie darin sind, Ihren Leuten die richtigen Energien vorzuleben, hängt davon ab, wie gut Sie bei sich selbst darauf zugreifen können. Und genau deswegen geht es bei den ersten fünf Codes darum, dass Sie *Ihre eigene* emotionale Stärke aufbauen. Wenn Sie diese fünf Codes beherrschen, ist das eine solide Grundlage für Sie, sich eine magnetische Anziehungskraft aufzubauen.

Dieser neuroenergetische Code erinnert Sie daran: Sie können nichts weitergeben, was Sie nicht haben. Wie können Sie die Energie der Zugehörigkeit vermitteln, wenn Sie sich selbst nicht zugehörig fühlen? Wie können Sie mit der Energie der Begeisterung führen, wenn Sie selbst erschöpft sind? Wie können Sie den Menschen zeigen, dass Sie ihnen vertrauen, wenn Sie nicht einmal sich selbst vertrauen? Wie können Sie ein Gefühl von Sicherheit vermitteln, wenn Sie sich selbst nicht sicher fühlen?

Vielleicht ist das, was Sie am meisten daran hindert, die volle energetische Bandbreite Ihrer Führung zu entfalten, dass Sie die Meinung anderer über die Wahrheit Ihrer eigenen Energie stellen. Wenn Sie ein Umfeld schaffen wollen, in dem die Menschen sich ermutigt fühlen, nicht nur beliebt zu sein, sondern authentisch, dann müssen Sie bereit sein, sich selbst authentisch zu zeigen – auch auf das Risiko hin, andere zu enttäuschen.

Sehen wir uns Greg an, den CEO eines großen Consulting-Unternehmens, dem Tausende von Mitarbeitern unterstellt sind. Greg genießt den

Ruf eines Vorgesetzten, der sowohl gemocht als auch respektiert wird. Er ist eine magnetische Führungskraft, ein Mensch, dem andere folgen wollen. Greg schreibt seinen Führungserfolg vor allem der Energie seiner Authentizität zu – seiner Bereitschaft, sich immer wieder so zu zeigen, wie er ist. »Bei mir weiß man, woran man ist. Ich kenne eine Menge Leute aus der obersten Führungsriege, die ihre Authentizität Stück für Stück verlieren, je höher sie die Karriereleiter hinaufsteigen. Sie merken gar nicht, dass das passiert. Ich glaube, sie versuchen unbewusst, ein Image zu erfüllen, wie man sein sollte, und meiner Meinung nach verliert man dadurch die Verbundenheit mit anderen Menschen.«

Greg wurde klar, um als Führungskraft authentisch zu sein, musste er einigen starken Energien widerstehen: »Man verspürt eine starke Neigung, seine Zeit nur noch mit Führungskräften zu verbringen. Also kämpfe ich dagegen an, jeden Tag, jede Woche, jeden Monat, jedes Jahr.« In einem Führungsumfeld, in dem es sehr leicht wäre, Leistung zu bringen, um sich dadurch die Bestätigung der anderen zu verdienen, schreibt Greg einen Großteil seines Erfolgs der Tatsache zu, dass er das genaue *Gegenteil* tut: Er versucht *nicht* aktiv, sich beliebt zu machen.

> »Meine Frau würde Ihnen jetzt sagen, eine der Eigenschaften, die mich dazu befähigen, ein großes Team zu leiten, besonders in schwierigen Momenten, ist, dass ich mir keine Gedanken darüber mache, was andere über mich denken. Ich will ja keinen Beliebtheitswettbewerb gewinnen. Ich nehme in Kauf, dass die Last der Führung die ultimative Verantwortung mit sich bringt, eine Reihe von Entscheidungen zu treffen, die kompliziert und nuanciert sind. Es sind keine 100-Prozent-Entscheidungen. Es sind 51- zu 49-Prozent-Entscheidungen … Ich komme sehr gut damit zurecht, wenn ich eine Entscheidung treffe und weiß, dass ein Großteil der Leute damit nicht einverstanden sein könnte. Das bereitet mir keine schlaflosen Nächte.«

Wenn Sie Ihre Authentizität nicht behaupten, riskieren Sie, sich unsicher zu fühlen, auch wenn Sie nach allen objektiven Maßstäben große Erfolge erzielen. So wie Bevvy, Gründerin und CEO eines sehr erfolgreichen Tech-Start-ups. Trotz ihres Erfolgs war sich Bevvy unsicher. Obwohl sie nicht genau sagen konnte, was das Problem war, hatte sie permanent Angst, dass es nur eine Frage der Zeit war, bis man ihr »auf die Schliche kommen« und sie aus dem Unternehmen werfen würde, das sie selbst geschaffen hatte. »Ich habe oft das Gefühl, gar nicht in das Haus zu gehören, das ich gebaut habe«, sagte sie zu mir.

Tief im Inneren hatte Bevvy Angst, dass man sie nicht gut genug finden würde, doch ihre Angst äußerte sich unter der Maske der Aggression. Bevvy stand im Ruf, kurz angebunden und kritisch zu sein, und so hatte sie ein Team aufgebaut, in dem der Grad an Engagement und Identifizierung sehr niedrig war. Im Verlauf unserer Sitzungen wurde klar, dass viele der Verhaltensweisen, die Bevvys Team *aggressiv* empfand, für sie eine Form von *Verteidigung* waren. Zum Beispiel stellte sie fest, dass ihr rauer Kommunikationsstil vor allem eine Form von Selbstschutz war. Sie hatte Angst, wenn sie zu sanft oder offen wäre, könnten ihr andere zu nahekommen und sie verletzen. Bevvy begann, Selbstakzeptanz nicht als irgendein esoterisches Ziel zu sehen, sondern als wesentliche Führungsvoraussetzung: Solange sie nicht wusste, wie sie sich selbst akzeptieren konnte, konnte sie auch keine Kultur der Unternehmensidentifikation aufbauen.

Wenn Sie das Gefühl haben, Ihr Magnetismus ist nicht so stark, wie er sein könnte, liegt es sehr wahrscheinlich daran, dass Sie sich selbst den Zugang zum vollen Umfang Ihrer magnetischen Energie verstellen. Erinnern Sie sich an unsere Definition von emotionaler Kraft: Sie besteht in der Weigerung, sich von sich selbst abzuspalten; sie liegt in der Ganzheitlichkeit. Wenn Sie emotional ganzheitlich sind – wenn Sie die ganze Bandbreite dessen wertschätzen, was Sie wirklich sind –, werden Sie ganz von selbst zur emotionalen Führungskraft. Was die Menschen sich immer und überall aus tiefstem Herzen wünschen, ist, so akzeptiert zu werden, wie sie sind – *wertig zu sein, so wie sie sind.* Wenn Sie aus Ihrer eigenen emotionalen Stärke heraus führen, werden Sie selbst zum lebenden Beispiel dessen, wonach sich die Menschen im Leben am meisten sehnen: Zugriff auf ihre eigene Stärke zu haben.

Um Zugriff auf eine Energie der magnetischen Anziehungskraft zu bekommen, richten Sie Ihren Fokus auf das Einzige, was Sie jemals unter Kontrolle hatten und haben: sich selbst. Und hier habe ich großartige Nachrichten für Sie. Es verleiht Ihnen Energie und fühlt sich befreiend an, wenn Sie merken, dass Sie befreit sind von der belastenden Energie von Befehl und Kontrolle, des Überzeugen-Müssens, des Forderns oder Motivierens anderer. Denken Sie daran, wie viel Anstrengung es Ihren Körper gekostet hat, wenn Sie versuchten, andere zu überzeugen, zu beeinflussen, zu überreden, zu beschwören, aufzufordern, zu locken, zu beschwatzen oder zu motivieren. *Dabei muss es gar nicht so schwer sein.* Führung kann sich für Sie *durchaus* müheloser, angenehmer und effektiver anfühlen, wenn Sie sich klarmachen, dass es nicht Ihre Aufgabe ist, andere zu motivieren. Ihre Aufgabe ist es, selbst motiviert zu sein, und dann darauf zu vertrauen, dass andere Sie motivierend finden werden.

Ihre Aufgabe ist es nicht, inspirierend zu sein. Ihre Aufgabe ist es, selbst inspiriert zu sein, und dann darauf zu vertrauen, dass andere Sie inspirierend finden werden. Ihre Aufgabe ist es nicht, zu versuchen, andere zu beeinflussen. Ihre Aufgabe ist es, Ihre Fähigkeit zu verbessern, sich selbst zu beeinflussen.

Es war nie Ihre Aufgabe, die anderen zu führen. Das Paradigma der Führung durch Befehl und Kontrolle war schon immer eine Fehlkonstruktion, die auf Dauer nicht funktionieren konnte, nach allem, was wir über die Funktionsweise des menschlichen Gehirns wissen. Seine ganze Energie auf einen Führungsstil zu verwenden, der vom Gehirn nicht unterstützt wird, ist völlig sinnlos.

Was also *ist* dann Ihre Aufgabe?

Sich selbst zu führen. Und wenn Sie sich selbst führen, werden Ihnen die richtigen Menschen folgen.

Praxisbeispiel: Den eigenen Magnetismus wirken lassen

Ich erhielt den Auftrag, das Führungsteam einer großen gemeinnützigen Organisation mit einer außergewöhnlichen Mission zu unterstützen, die mithilfe von innovativer Technologie Lösungen für einige der bedürftigsten Menschen der Welt anbietet. Die Führungskräfte waren gescheit und motiviert und ihre Organisation war ihnen sehr wichtig.

Trotz ihrer Kompetenz und ihrer ansprechenden Mission war das Mitarbeiterengagement in der Organisation unterirdisch.

Wenn ich ein solches Projekt beginne, möchte ich zunächst gerne wissen, wie die Leute denken – mit welchen Konzepten sie die Probleme in ihrer Organisation angehen –, also fragte ich die Führungskräfte: »Was haben Sie sich schon überlegt, wie Sie dieses Problem lösen könnten?« Sie ratterten eine ganze Liste von Maßnahmen herunter, darunter personelle Umstrukturierungen, Entlassungen von Abteilungsleitern, die sie als problematisch empfanden (die aber bei den Mitarbeitern beliebt waren), oder Belohnungen für Mitarbeiter, wie Geschenkgutscheine oder Boni.

Doch da kann man an emotional wesentlich wirkungsvolleren Stellen ansetzen. An den Beispielen, die das Führungsteam zu Beginn anführte, kann man erkennen, dass der grundlegende Gedanke hinter jeder dieser Maßnahmen lautet: »Wie bekomme ich diese Leute dazu, dass sie sich so verhalten, wie ich es will, ohne dass ich mich selbst verändern muss?«

Das ist weder gut noch schlecht. Diese Führungskräfte sind nicht schlecht, weil sie wollen, dass ihre Mitarbeiter engagiert, motiviert und inspiriert sind, ohne dass sie ihr eigenes Verhalten nennenswert ändern müssten. Sie sind auch nur Menschen. Veränderung ist schwer, eben weil ihre Energie intensiv ist; es ist biologisch ganz natürlich, dass man hofft, andere würden sich ändern, damit wir es nicht müssen. Aber das Problem ist, wie Sie nun schon wissen, dass das nicht funktioniert.

In all unseren Beziehungen neigen wir dazu, von anderen zu verlangen, dass sie sich ändern, damit wir *unsere eigene* emotionale Arbeit nicht tun müssen.

- In Organisationen kann sich das so anhören: »Was können wir tun, um diese Mitarbeiter produktiver zu machen?« Oder: »Wie können wir die Leute hier dazu bringen, innovativer zu sein?«
- Bei Eltern kann sich das so anhören: »Wie bekomme ich meine Kinder dazu, auf mich zu hören?« Oder: »Wie bringe ich mein Kind dazu, Dinge zu tun, die es nicht mag – wie bestimmte Dinge zu essen oder sich mit anderen Freunden zu treffen?«
- In Schulen kann sich das so anhören: »Wie schaffen wir es, dass diese Schüler weniger abgelenkt sind?« Oder: »Wie bringen wir diese Kinder dazu, sich mehr zu interessieren – engagierter zu sein und weniger überfordert?«
- Bei Paaren kann sich das so anhören: »Wie kann ich meinem Partner klarmachen, dass das, was er tut, falsch ist?« Oder: »Wie kriege ich meine Partnerin dazu, einzusehen, dass ihr Verhalten falsch ist?«

Der vollständige energetische Impuls hinter einer Frage wie »Wie bringe ich mein Kind dazu, auf mich zu hören?« lautet oft exakter formuliert: »Wie kann ich mein Kind dazu bringen, das zu tun, wovon ich will, dass sie es tut, wovon sie mir aber schon wiederholt gezeigt hat, dass sie es nicht tun will?«

Wenn man die Frage in der emotional ehrlich und korrekt formulierten Form stellt, ist die Antwort klar: Das können Sie nicht.

Es ist ein absoluter Power-Move, Ihre Beziehungen dort abzuholen, wo sie mit ihrer Energie bereits sind, denn nur von diesem Punkt der Aufrichtigkeit kann echte Veränderung ausgehen. Man kann das Gefühl des Wollens nicht im Nervensystem eines anderen Menschen erzeugen. Und, um Himmels Willen, wenn Sie das schon nicht bei Ihren eigenen Kindern können, den Menschen, die aus Ihrem eigenen Fleisch und Blut sind, dann können Sie es auch nicht bei irgendjemandem sonst. Es ist schon komisch, wie viel Energie wir aufgewendet haben, um hierarchische Führungssysteme zu schaffen, die den meisten von uns die *Illusion* vermittelten, dass wir die Wünsche und das Verhalten anderer Menschen kontrollieren könnten. Viele von uns wurden so erzogen, dass sie ihre Machtquellen verwechseln; wir beharren darauf, die Kontrolle über andere Menschen zu haben, während wir auf die fundamentale Macht verzichten, die wir über unsere eigene Energie haben.

Doch zurück zu dem Führungsteam bei der Non-Profit-Organisation. Als ich sie befragte, wie es um ihre eigene Inspiration, Motivation und ihr Engagement stehe, bekam ich Kommentare von Führungskräften zu hören, die erschöpft, frustriert und ratlos waren. In Einzelsitzungen weinten mehrere Führungskräfte und klagten darüber, wie überfordert sie waren.

In Gruppensitzungen mit dem gesamten Führungsteam brachten alle Teilnehmer zum Ausdruck, wie unzufrieden sie mit ihren Vorgesetzten aus der Unternehmensführung waren. Doch nur wenn ich mit den einzelnen Managern allein sprach, erzählten sie mir im Vertrauen, wie wütend sie über viele ihrer Kollegen im Führungsteam waren. Einige Mitglieder des Führungsteams vertrauten mir sogar an, dass sie ernsthaft überlegten zu kündigen.

Diese Führungskräfte waren gefangen im Schmerz ihrer eigenen Verwirrung und ihres eigenen Konflikts, weil sie diesen Schmerz auf die Organisation projizierten. Mit anderen Worten, sie glaubten, die Organisation versinke in Verwirrung und Konflikt, weil *sie selbst* in Verwirrung und Konflikt versanken.

Wenn Ihnen das zu weit hergeholt ist, gehen wir es noch einmal anders an und wenden dieselbe Logik auf ein Paar in einer Liebesbeziehung an. Partner, die einen Konflikt haben, sind oft zugleich Empfänger *und* Sender derselben Energie. Zum Beispiel, wenn eine Person in diesem Paar sagt: »Mein Partner vermittelt mir das Gefühl, dass ich nicht gut genug bin« oder »Ich fühle mich von meinem Partner zurückgewiesen«, dann ist es fast immer so, dass die andere Person in diesem Paar sich ebenfalls zurückgewiesen fühlt. Weil Zurückweisung für Menschen so schmerzlich ist, begeben sie sich in eine Abwehrhaltung, die in der Folge genau das System verstärkt, das die Zurückweisung hervorruft.

Im Fall der Non-Profit-Organisation hatten diese Führungskräfte vergessen, welche Kraft sie selbst besitzen. Sie hatten vergessen, dass *sie selbst* die Magneten waren, zu denen sich die Menschen entweder hingezogen oder abgestoßen fühlen. Der Mangel an Energie, unter dem sie litten, kam unmittelbar von der Dynamik, die sie so unbedingt verändern wollten. Meine zentrale Aufgabe war es, ihre magnetische Energie aufzubauen.

Wir begannen damit, die Maßnahmen zu stoppen, die die Mitarbeiter betrafen, und uns auf die Beziehungen zwischen den Führungskräften mit ihrer jeweiligen emotionalen Stärke zu fokussieren. Zunächst half ich ihnen, zu erkennen, dass der Konflikt, den sie mit ihren Vorgesetzten von der Unternehmensführung hatten, nur eine Spiegelung des Konflikts war, den sie untereinander hatten, und dass sie nicht erwarten konnten, die Energie des Konflikts mit ihren Vorgesetzten nachhaltig aufzulösen, wenn es noch immer Streit innerhalb des Führungsteams gab. Eine Analogie, die dies verdeutlicht: Eltern, die eine hoch konfliktbeladene Beziehung haben und ständig streiten, haben oft auch Probleme in der Beziehung zu ihren Kindern. Der Schmerz sickert durch. Die Beziehungen zu unseren Kindern werden sich nicht verbessern, wenn die schmerzliche Energie von Stress, Misstrauen oder Wut in uns brodelt. Wir können nicht anders, als unser vollständiges Selbst in unsere Beziehungen einzubringen – die einzige Frage dabei ist, ob wir uns unserer Energie bewusst sind oder nicht.

Je mehr das Führungsteam erkannte, welche spürbaren Auswirkungen ihr Konflikt innerhalb des Führungsteams auf das ganze System der Organisation hatte, desto mehr waren sie bereit, transparenter und kollaborativer miteinander umzugehen. Das Gefühl der Verbundenheit – das Gefühl, dass sie nun alle das grundlegende emotionale Problem offen ansprachen und bereit waren, es gemeinsam zu lösen – verbesserte die Situation enorm. Nachdem wir den Konflikt innerhalb des Führungsteams aufgelöst hatten, merkten die Führungskräfte, dass sie auch mit ihren Vorgesetzten aufrichtigere Gespräche führen wollten. Sie begannen mit wöchentlichen Arbeitsgruppen. Doch um menschliche Beziehungen herzustellen, war es ganz entscheidend, den Fokus auf *informelle* Interaktionen zu legen, die das Kennzeichen von guten Beziehungen sind. Studien haben gezeigt, dass leistungsstarke Teams großen Wert auf informelle Interaktionen legen und darauf, über Themenbereiche außerhalb der Arbeit Bindungen aufzubauen.[42] Diese Führungskräfte achteten also darauf, von Zeit zu Zeit im Büro der Vorgesetzten vorbeizuschauen, regelmäßig zum Telefon zu greifen und informell über Probleme zu reden sowie aufrichtiges Interesse am Leben ihrer Vorgesetzten auch außerhalb der Arbeit zu zeigen.

Es gab einen bestimmten Manager an der Spitze, zu dem das Führungsteam ein besonders angespanntes Verhältnis hatte. Als ich anfing, mit dem Führungsteam zu arbeiten, schworen sie, dass dieser Manager sie »hasste«. Doch Hass ist immer die Abwehrreaktion für Angst. Es war sehr wahrscheinlich, dass dieser Manager sich vor dem Führungsteam fürchtete. Angst sieht oft aus wie Aggression.

Wir einigten uns explizit darauf, davon auszugehen, dass er es im Grunde gut meinte – dass dieser Manager hart arbeitete und sich der Organisation verpflichtet fühlte und dass er eine gesunde Beziehung zum Führungsteam wollte. Die nächste Führungsaktion war nicht, abzuwarten und zu hoffen, dass dieser Manager eine Wandlung erfuhr, sondern die Initiative zu ergreifen.

Eine Führungskraft aus dem Team war emotional besonders stark. Sie nahm sich vor, regelmäßig im Büro dieses Managers vorbeizukommen. Anfangs war es *tatsächlich* schmerzlich – es war seltsam, stressig und künstlich –, aber bald schon schauten die Führungskraft und der Manager regelmäßig im Büro des anderen vorbei, manchmal brachten sie einander sogar einen Kaffee mit. Das scheint jetzt vielleicht nur eine kleine Geste zu sein, aber es war ein fundamentales Zeichen dafür, wie sehr sich die Energie verändert hatte, als das Führungsteam sich allmählich weniger Sorgen machte, wie sich andere verhielten, und mehr darüber nachdachten, wie sie selbst mit der Energie ihrer eigenen Führung auftreten wollten.

Alle spürten die Veränderung. Was meine Klienten am meisten beeindruckte, war, je mehr sie den Führungsstil *selbst verkörperten*, den sie sich erhofften – anstatt ihn nur einzufordern –, desto mehr zeigte er sich tatsächlich. Als die Manager an der Unternehmensspitze merkten, wie aufrichtig engagiert das Führungsteam war, spiegelte sich diese Energie auch in ihren eigenen Teams wider. Es gab nun immer mehr Kommunikationsveranstaltungen, wie Mitarbeitervollversammlungen.

Noch wichtiger für die Organisationskultur waren die vermehrten kleinen, informellen Interaktionen, die ein Zeichen für das neue, starke Vertrauen waren: ein Kommentar hier; die Entscheidung, jemanden nach seiner Meinung zu fragen, dort; eine Bereitschaft, die Pläne anzupassen, damit sie zum Terminplan anderer passten. Das Mitarbeiterengagement stieg. Die freigesetzte magnetische Anziehungskraft des Führungsteams hatte weit mehr bewirkt als Gutscheine oder Entlassungen es getan hätten.

Es gibt eine Mathematik der Emotionen in Beziehungen. Wenn Sie sich ein wenig verändern, wird sich auch die Beziehung ein wenig verändern. Wenn Sie sich stark verändern, wird sich auch die Beziehung stark verändern. Es ist schlicht unmöglich, dass die Beziehung gleich bleibt, wenn Sie sich bedeutend verändern.

Achten Sie einmal darauf: Wenn Sie versuchen, andere Menschen zu kontrollieren, liegt es daran, dass Sie den Zugriff auf Ihre eigene Stärke verloren haben. Nur wenn Sie (oft unbewusst) von Ihren eigenen schmerzlichen Emotionen vereinnahmt sind – wie Ängsten, Furcht oder Zweifel –, versuchen Sie, andere zu kontrollieren.

Warum tun Sie das?

Weil Sie Ihr ganzes Leben lang versucht haben, das Verhalten anderer zu benutzen, um Ihr eigenes Nervensystem zu regulieren, eine Vorgehensweise, die man Ihnen in der Kindheit einprogrammiert hat.

Überlassen Sie die kindlichen Dinge den Kindern. Wenn Sie als Erwachsener darauf bestehen, dass andere Dinge tun, denken oder fühlen, die *Sie* wollen, dann ist das keine Führung – es ist Koabhängigkeit. Dies bedeutet nichts anderes, als dass Sie nicht wissen, wie Sie Ihr eigenes Nervensystem regulieren können, also versuchen Sie es über das Verhalten von jemand anderem, der es für Sie tun soll.

Wenn Sie bereit sind für die nächste Stufe der emotionalen Stärke, ist es Zeit für Vertrauen. Vertrauen Sie auf sich selbst. Vertrauen Sie auf den Prozess. Vertrauen Sie darauf, dass die Menschen, die ein Teil Ihres Lebens sein wollen, dies auch werden – und zwar nicht, weil man sie zwingt, sondern weil sie sich von sich aus dafür entscheiden. Führen Sie sich selbst und vertrauen Sie darauf, dass die Menschen, die mit Ihnen verbunden sein sollen, dies auch sein werden.

Für viele von uns, deren Führungsstil seine Wurzeln im Zu-viel-Tun, Zu-viel-Grübeln oder Übererfüllen hat, kann dieses Ausmaß an Vertrauen so fremdartig wirken, dass es sich beängstigend anfühlt. Wenn wir dafür weniger präzise emotionale Begriffe verwenden, wie »unbehaglich«, »ineffektiv« oder »herausfordernd«, täuscht das nur über die (oft) unbewusste, aber tiefersitzende Angst hinweg, dass wir, wenn wir aufhören, alles zu kontrollieren, verletzt werden.

Besänftigen Sie sich mit folgendem Gedanken: Es ist kein Risiko, das ganze Kontrollieren loszulassen, denn es hat sowieso nie funktioniert. Die Qualität menschlicher Beziehungen hängt davon ab, inwieweit Menschen aufgrund ihres eigenen freien Willens mit Ihnen in Verbindung stehen. Können Sie einem geliebten Menschen befehlen, Sie zu lieben? Können Sie von einem Freund verlangen, Sie zu mögen? Können Sie von einem Kind verlangen, dass es Sie respektiert?

Nein, nein und nein.

Wenn Ihnen einmal klargeworden ist, dass die Kontrolle über andere nur eine teure Illusion war, eine, die Sie so viel von Ihrer kostbaren Energie gekostet hat, dann können Sie das alte Führungsverhalten ganz einfach loslassen, da es ja ohnehin nie funktioniert hat. Genauso einfach, wie es einfach ist, einen Lottoschein wegzuwerfen, wenn Sie wissen, dass Ihre Nummern nicht gezogen werden, so ist es noch einfacher, die alten Führungsparadigmen von Befehl und Kontrolle loszulassen, wenn Ihnen klar wird, dass sie überhaupt nicht wirksam waren. Und wenn Sie diese unwirksame Energie loslassen, schaffen Sie Raum für einen wirkungsvollen Schatz für Ihre Führung: Ihre magnetische Anziehungskraft.

Übung: Magnetische Beziehungen schaffen

Ihre magnetische Anziehungskraft beruht vor allem auf der Art, wie Sie mit Ihrer eigenen Energie umgehen. Um Ihren Magnetismus stärker zu machen, beantworten Sie die folgenden in Gruppen angeordneten Fragen. Nehmen Sie ein Notizbuch zur Hand und suchen Sie sich einen ruhigen Platz. Holen Sie sich ein Glas Wasser mit Raumtemperatur, einen Kräutertee oder sonst ein Getränk, um es sich gemütlich zu machen. Atmen Sie zehnmal tief ein und aus, um Ihr Nervensystem wirklich zu beruhigen, und achten Sie dabei eher auf die Ausatmung. Und nun schreiben Sie ganz frei – ohne viel nachzudenken – Ihre Antworten auf diese Fragen auf.

Ich nenne diesen Vorgang »Magnetische Beziehungen schaffen«. Um Ihren Magnetismus zu verstärken, beantworten Sie diese Fragen. Sie müssen nicht alle Fragen beantworten. Sehen Sie sich die Liste an und gehen Sie dann näher auf die Fragen ein, die Sie ansprechen. Antworten Sie schonend, aber aufrichtig.

SELBSTERMÄCHTIGUNG

- Auf welche Weise macht Ihnen ein volleres Ausleben Ihrer Stärke Angst (z. B. mehr Menschen, die von Ihnen abhängen; mehr Menschen, die Sie enttäuschen könnten; mehr Menschen, denen Sie Erklärungen geben müssen)?
- Menschen projizieren ihre Sicht auf ihre Führungskräfte. Was macht Ihnen Angst daran, was andere Menschen auf Sie projizieren könnten, wenn Sie immer stärker werden (vielleicht finden sie, dass Sie jetzt zu kontrollierend sind, oder dass sie Ihnen egal sind, oder dass Sie keine Zeit für sie hätten, oder dass Sie Men-

schen benutzen, um dorthin zu kommen, wo Sie sind, oder dass Ihnen nur Ihr eigenes Image wichtig sei etc.)?

- Denken Sie zurück an Ihren Quellcode – die Lektionen aus Ihrer frühen Kindheit. Welche Lektionen haben Ihnen Ihre Eltern über Macht beigebracht? Zum Beispiel, wie sahen Sie Ihre Eltern handeln oder wie hörten Sie Ihre Eltern sprechen über Menschen, die eine Autorität hatten oder »an der Macht« waren? Wie beeinflusst das Ihr Verhältnis zu Ihrer Führungsrolle heute?
- Schlummert in Ihnen noch mehr ungenutztes Potenzial? Wenn ja, wann werden sie bereit sein, darauf zurückzugreifen? Was genau müsste passieren, damit Sie bereit wären, es herauszulassen?
- Wer muss Ihnen erst die Erlaubnis erteilen, auf die tieferen Ebenen Ihrer emotionalen Stärke zuzugreifen?

ZUGEHÖRIGKEIT

- Wo haben Sie das Gefühl, es sei Zeit, für mehr Zugehörigkeit in Ihrem Leben zu sorgen? Gibt es zum Beispiel in Ihrem Leben Bereiche, in denen Sie das Gefühl haben, nicht so dazuzugehören, wie Sie es sich wünschen?
- Fühlen Sie sich noch immer zugehörig, auch wenn Sie sich missverstanden fühlen? Oder brauchen Sie das Gefühl, vollkommen verstanden zu werden, um sich zugehörig zu fühlen?
- In welchen Situationen neigen Sie dazu, sich selbst auszuschließen? Welche Geschichten erzählen Sie sich oft darüber, dass andere Sie nicht dabeihaben wollen? Wie kommt es manchmal dazu, dass Sie selbst derjenige sind, der Sie ausschließt?
- Gibt es in Ihrem Umfeld Menschen, zu denen Sie sich nicht zugehörig fühlen? Warum?
- Gehen Sie zurück zu Ihrem Quellcode. Welche Lektionen haben Ihnen Ihre Eltern darüber erteilt, wie und wann Sie dazugehörten? Gab es Bedingungen für Ihre Zugehörigkeit? Wenn ja, welche?

AUTHENTIZITÄT UND TRANSPARENZ

- Was ist Ihre größte Angst bei der Vorstellung, dass Sie in Ihrer Führungsposition voll und ganz gesehen werden? Zum Beispiel, haben Sie Angst, dass man Sie als inkompetent, unerwünscht oder Ihrer Position nicht wert betrachtet? Machen Sie sich Sorgen, dass Sie mit den ständigen Bedürfnissen anderer überhäuft werden? Haben Sie Angst, für manche Leute unerreichbar zu werden?
- Welche Dinge über sich selbst möchten Sie am wenigsten anderen mitteilen? Wenn andere Leute diese Dinge wüssten, wie würde das Ihrer Meinung nach Ihre Führungsrolle beeinflussen? Was würde passieren, wenn Sie zulassen würden, dass diese Seiten von Ihnen bekannt werden?

GRENZEN

- In welchen Bereichen schaffen Sie es nicht, Grenzen aufzuzeigen?
- Sagen Sie anderen, sie sollen sich ausruhen, aber folgen dann Ihrem eigenen Rat nicht? Warum?
- In welchen Bereichen sind Sie zu verfügbar? Warum?
- In welchen Bereichen sind Sie nicht verfügbar genug? Warum?
- Können Sie »Nein« sagen? In welchen Bereichen merken Sie, dass es Ihnen besonders schwerfällt, Nein zu sagen?

BEZIEHUNGEN ZU ANDEREN

- Wo vertrauen Sie anderen in Ihrem Team? Wo endet dieses Vertrauen? In welchen Situationen sind Sie überkontrollierend, stellen zu viele Fragen oder mikromanagen Sie?
- In welchen Situationen glauben Sie, werden andere Sie generell unterstützen oder Ihnen helfen?
- In welchen Situationen glauben Sie, dass andere Sie generell enttäuschen oder verletzen werden?

BEZIEHUNG ZU SICH SELBST

- Würden *Sie* sich selbst folgen? Sind *Sie* von sich selbst inspiriert? Macht Ihnen Ihr eigenes Leben Spaß – fühlen Sie sich lebendig, kreativ und selbstbestimmt? Warum oder warum nicht? Schauen Sie genauer hin. Welche Muster erkennen Sie in den Momenten, in denen Sie die Person mögen, die Sie sind? Welche Muster triggern Sie, den Bezug zu der Person zu verlieren, die Sie sein möchten?
- Welche Muster verhindern, dass sich Ihre Führungskraft voll entfalten kann? Überziehen Sie zum Beispiel Deadlines? Steigern Sie sich in bestimmte Projekte hinein, bis Sie erschöpft sind, und schaffen es dann nicht mehr, andere Verpflichtungen in Ihrem Leben einzuhalten? Sind Sie fixiert darauf, gut vorbereitet zu sein, auf den Gedanken, dass Sie immer noch mehr Information brauchen, bevor Sie weitergehen können?
- Genießen Sie aufrichtig die Energie Ihrer eigenen Präsenz? Hier ein paar Fragen, um das herauszufinden:
  - Wenn Sie bei der Arbeit Ihr eigener Vorgesetzter wären, wie wäre das für Sie? Würden Sie gerne für sich selbst arbeiten? Was wäre daran gut? Was wäre schwierig?
  - Wenn Ihr Kind einen Partner nach Hause brächte, der genau wie Sie wäre, wie würden Sie reagieren? Warum? Würde es Sie freuen oder wären Sie aufgebracht darüber, dass Ihr Kind sein Leben mit jemandem verbringen will, der sich verhält und Menschen so behandelt wie Sie?
- Inwiefern wenden Sie Energie auf, um mit sich selbst eine respektvolle Beziehung zu pflegen? Halten Sie sich zum Beispiel fast immer an die Versprechen, die Sie sich selbst gegeben haben, auch an die kleinen Dinge? Aus welchen Gründen brechen Sie die Versprechen an sich selbst? Wie würden Sie die Qualität der Intimität beschreiben, die Sie mit sich selbst haben? Wie besänftigen Sie sich selbst?

Wenn Sie über diese Fragen gründlich nachdenken, werden Sie eine neue Stufe der Selbstwahrnehmung entdecken. Der fundamentale Schritt zu jeder Form von psychologischer Veränderung ist immer das Sich-bewusst-Machen. Ihre Aufgabe besteht nun darin, vom Bewusstsein zur Handlung zu kommen. Dazu suchen Sie sich einfach ein Ziel aus und setzen es um. Angenommen Ihnen wurde klar, dass Sie besondere Schwierigkeiten haben, Ihre Grenzen nach außen zu wahren, dann suchen Sie sich ein Zielverhalten, das Ihnen den Beweis liefert, dass Ihre Grenzen stärker werden. Wählen Sie ein Verhalten, durch das Sie sich stärker fühlen – zum Beispiel bitten Sie heute um etwas Bestimmtes, was Sie möchten; sagen Sie diese Woche dreimal Nein; nehmen Sie sich vor, zwei Gespräche, die sich für Sie nicht gut anfühlen, höflich zu verlassen – und dann tun Sie es.

Ihre magnetische Anziehungskraft beruht gar nicht so stark auf Ergebnissen, sondern vielmehr auf Ihrer Energie. Steigern Sie Ihre emotionale Stärke, indem Sie Ihre *ganze* Persönlichkeit dafür nutzen. Wie effektiv Sie andere beeinflussen, hängt davon ab, wie aufrichtig Sie durch sich selbst inspiriert sind. Wenn Sie sich erlauben, genau das zu sein, was Sie sind, ermöglichen Sie damit auch anderen den Zugriff auf das, was sie letztlich wollen: sich selbst.

Und das ist die größte magnetische Kraft von allen.

Code 8: Richten Sie Ihre Beziehungen auf die Zukunft aus

Wie Sie in der Arbeit und privat starke Beziehungen schaffen

Wenn sich Ihre Beziehungen nicht so stark oder erfüllend anfühlen, wie Sie das gerne hätten, liegt es wahrscheinlich daran, dass Sie keine klare Vision dafür haben. Um in der Arbeit wie im Privatleben erfolgreiche und erfüllende Beziehungen aufzubauen, reicht es nicht, sie sich einfach so vorzustellen, wie sie im Moment gerade sind. Sie müssen sie sich in der Zukunft vorstellen.

Beziehungen sind energetische Verbindungen *über einen Zeitraum hinweg*: Die Menschen spüren emotionale Energien bei Ihnen und Sie spüren deren emotionale Energien. Die Zeitkomponente ist ebenfalls ganz wesentlich für Beziehungen. Ihre Beziehungen mit Ihrem Team, Partner, Ihren Kindern, Freunden und in vielen Fällen auch Kunden und Followern in den sozialen Medien, bestehen über eine Zeitspanne von Monaten, Jahren oder sogar Jahrzehnten hinweg. Wenn die Zeitkomponente fehlt, haben Sie keine Beziehung; dann haben Sie eine Interaktion. Man trifft jemanden auf der Straße; Sie sprechen mit einem Verkäufer im Laden. Damit Ihre Beziehungen über die Zeit hinweg stark bleiben, müssen Sie sich darin üben, sich vorzustellen, wie sie sich im Lauf der Zeit entwickeln werden. Sie tun dies, indem Sie jenseits dessen, was in der Vergangenheit alles passiert ist und in der Gegenwart gerade passiert, eine starke Vision davon entwickeln, wie sich Ihre Beziehung *in der Zukunft anfühlen soll.*

Mit der Zeit ist es ja so, dass das Jetzt immer irgendwann zum Später wird. Wenn Sie sich nicht darauf einstellen, Ihrer Beziehung in der Zukunft zu begegnen, ist die Wahrscheinlichkeit groß, dass Sie – wenn es so weit ist – nicht die stärkste Version Ihrer Beziehung geschaffen haben. Im neuroenergetischen Code 2 haben wir die Macht der Muster besprochen – den Gedanken, dass Ihre emotionale Stärke zunimmt, wenn Sie ein Muster haben, das stark genug ist, um Sie durch Ihren Schmerz hindurchzutragen. Vielleicht ist Ihnen auch schon aufgefallen, dass bereits begeisternde Geschichten von *einzelnen Menschen* kursieren, die eine stärkere Version ihrer selbst in der Zukunft visualisieren und dann auch zu diesem stärkeren Selbst werden.

Betrachten wir zum Beispiel Michael Jordan. Der wohl beste Basketballspieler aller Zeiten wurde an der Highschool von seinem Basketballteam ausgeschlossen. Als er erfuhr, dass er es nicht ins Team geschafft hatte, ging er nach Hause, schloss sich in seinem Zimmer ein und weinte. Doch sehr schnell war er in der Lage, über seine aktuellen Umstände hinauszublicken und eine Vision von der Zukunft zu entwickeln – eine Projektion nicht dessen, was er jetzt war, sondern dessen, was er werden konnte, wozu er das Potenzial hatte. »Immer wenn ich trainierte und keine Lust mehr hatte und mir dachte, ich sollte aufhören, schloss ich die Augen und sah vor mir die Liste im Umkleideraum und mein Name stand nicht drauf«, erklärte Jordan. »Meistens hat mich das wieder motiviert.«[43] Jordan beschreibt, wie er den emotionalen Schmerz aus der Vergangenheit – seine Gefühle der Enttäuschung und Zurückweisung – als Antrieb nutzte, um sich ein stärkeres, erweitertes zukünftiges Ich aufzubauen. Im Einzelfall erkennen wir den Nutzen der Geschichten von

Menschen, die sich eine Vision von ihrem zukünftigen Ich schaffen und diese dann in die Realität umsetzen, und wir fühlen uns davon inspiriert.

Dasselbe gilt auch für Beziehungen.

Dieser Code zeigt Ihnen, wie Sie stärkere, lebendigere Beziehungen zu den Menschen aufbauen können, die Ihnen wichtig sind – Ihre Kinder, Kunden, Ihr Partner oder Ihr Team –, indem Sie eine Zukunftsvision davon entwerfen.

Genau wie Michael Jordan sich vorstellen kann, einen Freiwurf nach dem anderen zu versenken, bauen Sie stärkere Beziehungen auf, wenn Sie sich vorstellen, die Person zu sein, die Sie in Ihren Beziehungen sein möchten. Das ist keine Zauberei; es ist neuronale Konditionierung. Sie bringen Ihr Nervensystem in die optimale Position, um die gewünschte emotionale Energie aufrechtzuerhalten, besonders in schmerzhaften Situationen. Visualisierung trägt dazu bei, die Erregungskurve des Nervensystems zu regulieren, ineffektives Verhalten und ineffektive Gedanken zu reduzieren und gleichzeitig den Fokus zu steigern.[44] Die Visualisierung ist so wirkungsvoll, dass sie routinemäßig als nachweislich wirksame Strategie bei der Therapie von Menschen mit Traumata und Angststörungen angewandt wird.[45]

Wissenschaftliche Erkenntnisse und unsere alltägliche Erfahrung zeigen uns, dass unser zukünftiger emotionaler Zustand nicht genau vorhersehbar ist.[46] Ich bin mir sicher, Sie haben schon viele Momente erlebt, in denen Sie zuvor geschworen hätten, Sie würden etwas auf eine bestimmte Weise empfinden, und dann haben Sie ganz anders empfunden. Sie waren sicher, Sie würden guter Stimmung sein, und dann waren Sie es nicht; Sie dachten, Sie würden sich nicht ärgern, aber Sie ärgern sich doch. Um diese Unvorhersagbarkeit des emotionalen Systems im Gehirn zu überwinden, müssen Sie die Visualisierungsfähigkeiten des Gehirns aktivieren und sich darauf trainieren, das zu empfinden, was Sie empfinden wollen.

Machen wir dazu eine kurze Übung. Suchen Sie sich irgendeine Beziehung mit jemandem aus, die Sie festigen wollen (z. B. Ihre Kollegin, Ihr Partner, Ihr Team, Ihre Kunden oder Ihr Kind). Schreiben Sie jetzt schnell die Antworten auf die folgenden Fragen herunter. Denken Sie nicht lange darüber nach; schreiben Sie einfach auf, was Ihnen in den Sinn kommt.

- Was wird in Zukunft *im Einzelnen* in dieser Beziehung passieren?
- Wenn Sie sich diese Beziehung in der Zukunft vorstellen, welche *genauen* Gefühle wollen Sie in Ihrem Körper empfinden, wenn Sie in dieser Beziehung interagieren?
- Wählen Sie einen Zeitpunkt irgendwann in der Zukunft, zum Beispiel sechs Monate, ein Jahr oder zehn Jahre. Wenn Sie sich diese Beziehung zu diesem Zeitpunkt in der Zukunft vorstellen, welche Erinnerungen werden Sie dann gemeinsam geschaffen haben, auf die Sie unglaublich stolz sind?

Diese Übung ist sehr wirkungsvoll, aber wenn ich sie zum ersten Mal mit meinen Klienten mache, haben sie meist Probleme, die Fragen zu beantworten. Interessant ist aber, wenn ich Menschen frage, ob sie eine Zukunftsvision von anderen Dingen haben – ihrer beruflichen Laufbahn, ihrer finanziellen Situation, in welchem Haus sie einmal wohnen werden oder sogar was im Leben ihrer Kinder in vielen Jahren passieren wird –, dann bekomme ich meist eine ganze Reihe von sehr genauen Beschreibungen heruntergerattert. Ich habe einmal mit einem Vater zusammengearbeitet, der zu einer unserer Sitzungen mit einem Sweatshirt von der University of Michigan kam. Ich fragte ihn beiläufig, ob er dort studiert habe. Er sagte Nein, aber dort würde seine Tochter einmal studieren. Dann erzählte er mir voller Begeisterung, was sie dort studieren würde.

Das Kind war acht Wochen alt.

Dieser wohlmeinende Vater hatte zwar einen genauen Bildungsplan für sein Kind, doch als ich ihn bat, mir zu beschreiben, welche liebsten Erinnerungen er und seine Tochter zu dem Zeitpunkt haben werden, an dem er sie vor dem Studentenwohnheim in Michigan absetzte, konnte er nicht viel sagen.

Bitte beachten Sie hierbei, dass es vollkommen in Ordnung ist, wenn Sie Probleme haben, für Ihre zukünftige Beziehung eine genaue Zukunftsvorstellung zu formulieren. Eigentlich ist das sogar sehr gut, denn es bedeutet, dass noch ungenutzte und starke Strategien auf Sie warten.

Um Ihre Beziehungen im Verlauf der Zeit stärker zu machen, ist es wichtig, eine klare Zukunftsvorstellung davon zu haben. In meiner Arbeit mit Managern, Eltern und Paaren habe ich festgestellt, dass sich oft zwei Probleme ergeben, wenn man für seine Beziehungen keine Zukunftsvision hat:

- Sie vergessen *Ihre eigene* Macht in *Ihrer eigenen* Beziehung.
- Sie glauben (oft unbewusst), dass die *Zukunft* einer Beziehung von den Erfahrungen aus der *Vergangenheit* bestimmt wird.

Vergessen Sie nicht, dass Sie Ihre Beziehungen mitgestalten können

Es ist die Natur von Beziehungen, dass sie gemeinsam gestaltet werden. Wenn unsere Beziehungen sich negativ entwickeln, liegt es oft daran, dass wir vergessen haben, dass wir Mitgestalter dieser Beziehung sind. Ob es mit einem Kollegen, der Familie oder unserem Partner ist, man fühlt sich oft überfordert und sogar hoffnungslos, wenn die Dinge aus den Fugen geraten. In dieser Hoffnungslosigkeit lassen wir uns in eine passive Mentalität fallen, in der wir die Beziehung als etwas betrachten, das uns widerfährt, anstatt einer Angelegenheit, die wir mitgestalten. Wenn ich zum Beispiel mit Führungskräften arbeite, die den Bezug zu ihrer eigenen Wirkmacht verloren haben, höre ich sie oft Dinge sagen wie: »Dieses Team ist total unmotiviert, das Ganze ist einfach sinnlos.« Wenn ich mit Paaren arbeite, die vom Zustand ihrer Beziehung demoralisiert sind, sagen diese oft so etwas wie: »Mein Partner will mir einfach nicht zuhören, es ist hoffnungslos.« Wenn ich mit Eltern zusammenarbeite, die in der Beziehung zu ihrem Kind hoffnungslos sind, sagen sie oft Dinge wie: »Ich kann einfach gar nichts tun, damit mein Kind mit mir redet.«

In Momenten wie diesen verlieren wir unsere eigene Handlungsfähigkeit und vergessen, dass unsere Beziehungen unwiderruflich *uns* gehören.

Wir vergessen, dass unsere Energie für die Beziehung so wesentlich ist, dass die Beziehung sich, sehr buchstäblich, ohne unsere Beteiligung auflöst. Alle Beziehungen müssen einmal enden. Manchmal ist es für eine Beziehung Zeit, dass sie endet, und das ist auch in Ordnung. Aber hier fokussieren wir nicht die Beziehungen, die Sie beenden wollen; wir sprechen von Beziehungen, die Sie verbessern wollen, aber Sie wissen nicht wie. In diesen Fällen bekommt Ihre Beziehungspower einen Warp-Antrieb, wenn Sie sich an eine zentrale Wahrheit erinnern: Die Qualität Ihrer Beziehungen zu anderen spiegelt die Energie Ihrer Beziehung zu sich selbst.

Wenn ich in meiner Arbeit mit Teams und Paaren vorsichtig frage, ob sie das Gefühl hätten, dass die Energie, die sie in ihren Beziehungen vermissen, auch bei ihnen selbst fehlt, lautet die Antwort überwiegend Nein. Hierzu einige Beispiele:

- Eine Führungskraft, die demoralisiert ist, weil ihr Team nicht kreativ ist, merkt oft, dass *sie selbst* nicht das Gefühl hat, kreativ zu sein.
- Ein Vater, der sich im Verhalten seines Kindes ihm gegenüber nicht respektiert fühlt, hat Probleme, Beispiele anzuführen, die zeigen, dass er *sich selbst* respektiert.
- Eine Ehefrau, die am Boden zerstört ist, weil sie glaubt, dass ihr Mann sie nicht wie verrückt liebt, hat sehr große Probleme, zu beschreiben, inwieweit sie *sich selbst* heiß und innig liebt.
- Ein erwachsener Sohn, der wütend ist, weil er sich von seinen Eltern nie voll und ganz akzeptiert fühlt, kann keine Belege dafür finden, dass er *sich selbst* akzeptiert.

Der *einzige* Zugriff, den Sie auf die Beziehung mit anderen haben, ist über Ihr eigenes Nervensystem. Das heißt, die Qualität Ihrer Beziehungen zu anderen hängt *immer* von der Qualität Ihrer Beziehung zu sich selbst ab. Wenn Sie sich einen Großteil Ihres Lebens in Ihrer Haut nicht wohl fühlen, wird es eine überaus schwierige Aufgabe für Ihre externen Beziehungen, die Energie Ihres inneren Zustands zu überwinden. Natürlich haben unsere Sozialkontakte eine fundamentale Auswirkung auf unsere Lebensqualität.[47] Doch von allen Beziehungen, die Ihr Leben prägen, ist diejenige, die Sie zu sich selbst haben, diejenige, die sich am stärksten auswirkt.

Es gibt eine Mathematik der Emotionen in Beziehungen: Wenn Sie eine Variable in einer mathematischen Gleichung verändern, ändert sich auch die Lösung. Und genauso ist es in Beziehungen: Wenn Sie *Ihre* Energie verändern, wird sich auch die Energie in der Beziehung *unweigerlich* ändern. Um in der Zukunft eine stärkere Beziehung zu anderen aufzubauen, müssen Sie zuerst eine emotional starke Beziehung zu sich selbst aufbauen. Sie haben mit dieser Arbeit schon in Code 6 begonnen, als Sie Ihre energetischen Lecks stopften. Sie haben nach den Orten gesucht, an denen Ihre Angst vor der negativen Energie anderer (z. B. Verurteilung oder Kritik) ein Hinweis für Sie war, der Sie zu den genauen Orten führte, an denen Sie diese spezielle Energie ausräumen konnten, um emotional stärker zu werden. Sie haben diese Entwicklung im neuroenergetischen Code 7 weitergeführt, wo Sie bestimmte Arten erkannt haben, wie *Sie* Ihre Ganzheitlichkeit in *Ihren* Beziehungen blockieren (z. B. die Art, wie Sie sich von sich selbst abspalten; die Orte, aus denen Sie sich selbst ausschließen; die Art, wie Sie sich selbst ignorieren). In diesem neuroenergetischen Code nutzen wir diesen Schwung, um Ihnen zu helfen, Ihre Beziehungen durch eine Übung zu verbessern. Sie heißt: »Mich auf mich selbst konzentrieren, um das Wir zu stärken.«

Wenn Sie starke Beziehungen schaffen wollen, gibt es etwas Einfaches – aber Kontraintuitives –, was Sie tun können: Hören Sie auf, sich auf die andere Person zu fixieren, und fangen Sie an, sich auf sich selbst zu konzentrieren.

Wenn das Nervensystem durch einen Trigger in einen Konfliktmodus gerät, passiert es schnell, dass man der Zerstörung des anderen die Priorität *vor* der eigenen Selbstermächtigung einräumt. Wir sind besessen vom *anderen*, wir starren darauf, was der andere tut, grübeln darüber nach, was er fühlt. Konflikt ist elektrische Energie. Das Problem ist nur, dass Ihr Gehirn, solange es energetisch auf Kampf eingestellt ist, nicht sonderlich vorausschauend ist. Im Laufe meiner Arbeit mit hochgradig konfliktbelasteten Paaren muss ich oft mitansehen, wie Menschen in dem Versuch, den anderen zu verletzen, ihrem Eigeninteresse schaden. Ich habe Paare erlebt, die in der Hitze des ehelichen Gefechts Dinge in den sozialen Medien gepostet haben, die dazu führten, dass ihre *eigene* Karriere und sozialen Beziehungen zerstört wurden. Ganz ähnlich habe ich auch schon Partner in Unternehmen erlebt, die einander bekriegten und die ihr *eigenes* Unternehmen sabotierten, weil sie es nicht schafften, miteinander klarzukommen. Wenn der Konflikt sich beruhigte, empfanden diese Leute ihr Verhalten als äußerst schmerzlich – sie schämten sich und bereuten es –, aber der Schaden war bereits angerichtet.

Der Konflikt ist auf schmerzliche Weise unmittelbar – er vermittelt intensive Gefühle von Angst, Stress oder Furcht, durch die man *seine eigene* Zukunft vergisst. Sie werden selbst stärker und schützen Ihre Beziehungen, wenn Sie in der Hitze des Gefechts die andere Person vergessen und sich auf sich selbst konzentrieren. Mit anderen Worten, wenn Ihr Kollege, Kunde, Ehepartner oder Kind Sie mal wieder auf die Palme bringt, denken Sie nicht an den anderen. Konzentrieren Sie sich stattdessen auf die Zukunftsvision Ihres eigenen Lebens.

Vielleicht erscheint es Ihnen komisch, irgendwie egozentrisch oder egoistisch, sich in Ihrer Beziehung auf sich selbst zu konzentrieren. Aber das Gegenteil ist der Fall. Wenn Sie an Ihre Beziehungen aus einer Position der eigenen emotionalen Ermächtigung herangehen, bauen Sie Beziehungen von tiefer Verbundenheit und Authentizität auf, die gegenseitig bereichernd sind.

Übung: Mich auf mich selbst konzentrieren, um das Wir zu stärken

Bevor wir diese Übung machen, müssen Sie wissen, dass Sie dies tun müssen, *bevor* Ihr Nervensystem getriggert wird. Wenn Sie stark getriggert sind – rasend vor Wut, aufgebracht oder aus der Fassung – ist Ihr Gehirn nicht in der Lage, die Zukunft zu planen. Wenn Ihr Nervensystem sich gerade mitten in einem emotionalen Wirbelsturm befindet, ist das Beste, was Sie tun können, einfach abzuwarten, bis Sie sich wieder beruhigt haben. Atmen Sie einmal tief durch; gehen Sie spazieren; sehen Sie sich ein kurzes Video an; essen Sie einen Keks. Ich meine es ernst. Einer meiner medizinischen Supervisoren sagte immer: »Sie wären überrascht, wie oft ein Keks und etwas Milch eine Situation retten können.« Genau wie Sie nicht mit einem Kleinkind vernünftig reden können, bis der Wutanfall sich gelegt hat, können Sie nicht mit einem emotional getriggerten Erwachsenen vernünftig reden, bis der Sturm sich gelegt hat. So funktioniert das Gehirn einfach nicht.

Wenn Sie gerade ruhig sind, suchen Sie sich einen Moment in Ruhe aus, nehmen Sie ein Notizbuch oder ein Stück Papier zur Hand und denken Sie über die folgenden Fragen nach, die sich aufteilen in Reflexionen über die Arbeit und Reflexionen über das Privatleben. Sie können entweder alle Fragen auf einmal beantworten oder, wenn die Beziehungen in einem bestimmten Umfeld schmerzlicher für Sie sind, konzentrieren Sie sich einfach auf diesen Teil.

ARBEIT

- Wie möchte ich mich in *meinem* Team fühlen? Fühle ich mich auch so? Wenn nicht, was bin ich bereit zu ändern?
- Wie möchte ich, dass sich *meine* Beziehung zu meinen Kunden anfühlt? Fühlt sie sich so an? Wenn nicht, was bin ich bereit zu ändern?
- Wenn ich an mein Berufsleben in einem Jahr denke, welche Erinnerungen will *ich* in *meiner* Berufslaufbahn geschaffen haben? Welche Risiken werde *ich* für mich selbst in Kauf genommen haben?
- Wenn ich mir vorstelle, wie meine Teamkollegen (oder Kunden) über mich reden, wenn ich nicht da bin, was hoffe *ich*, dass sie über

mich sagen? Wäre es im Moment wahrscheinlich, dass sie diese Dinge sagen würden? Warum oder warum nicht? Was müsste ich jetzt ändern, um die Wahrscheinlichkeit zu erhöhen, dass sie in Zukunft mir gegenüber so empfinden würden?

- Wenn *ich* mit mir selbst zusammenarbeiten müsste – wenn ich mein eigener Kollege werden würde –, wie wäre das für mich? Was wäre gut und was nicht?
- Ist es mir wichtig, welches Vermächtnis *ich* als Führungskraft hinterlasse? Wenn ja, wie?
- Wenn ich mir einen wichtigen Moment in meinem Berufsleben vorstelle – eine wichtige Beförderung, eine groß angelegte Produkteinführung, meine Verabschiedungsfeier –, welches Gefühl werde *ich* bezüglich meiner Arbeit haben? Worauf werde ich am meisten stolz sein? Was würde ich bereuen oder bedauern?

PRIVATLEBEN

- Wenn ich die Geschichte meiner Familie als Spielfilm sehen würde, was würde *mir* an dem Film gefallen? Was wäre schmerzlich für mich?
- Wenn ich mir vorstelle, jetzt am Ende meines Lebens zu stehen und auf meine Ehe zurückzublicken, wie sie jetzt ist, worauf bin *ich* am meisten stolz? Was bereue ich?
- Wenn ich mir meine Beziehung in einem Jahr vorstelle, welche Erinnerungen möchte ich in *meiner* Beziehung geschaffen haben?
- Wenn meine Kinder genau solche Eltern werden würden wie ich, welches Gefühl hätte *ich* dabei?
- Wenn mein Kind einen Ehepartner nach Hause bringt, der mir in seiner Art sehr ähnlich wäre, welches Gefühl hätte *ich* dabei?
- Wenn ich an meine Kinder in einem Jahr denke, welche gemeinsamen Erinnerungen will *ich* mit ihnen bis dahin haben?

Um zu sehen, wie dieser Prozess im echten Leben abläuft, erzähle ich Ihnen nun Mias Geschichte. Mia litt in ihrer Ehe. Sie sagte, sie hätten zwar kein besonderes Problem, aber sie war traurig, fühlte sich allein und inspirationslos. Jahrelang versuchte Mia, die Ehe zu retten, indem sie sich oft bei ihrem Ehemann Liam beklagte. Sie beklagte sich, dass sie keine romantische Beziehung führten; sie kritisierte die Art, wie er mit ihr sprach; sie jammerte, dass er sich keine Zeit für sie nehmen wolle.

Bevor Mia diese Übung machte, sah sie das Problem bei Liam – er war derjenige, der sich ändern musste, damit sie die Beziehung haben konnte, die sie wollte. Bei unserer Arbeit fühlte sich Mia durch folgende Frage besonders motiviert: »Wenn ich an *meine* Beziehung in sechs Monaten denke, welche Erinnerungen will ich bis dahin in meiner Beziehung geschaffen haben?«

Mia begann zu verstehen, wie stark die Rückkopplungswirkung zwischen ihrer eigenen emotionalen Energie und der Qualität ihrer Beziehung war: Je mehr sie von ihrer Beziehung enttäuscht war, desto mehr kritisierte sie sie; je mehr sie kritisierte, desto mehr fühlte sie sich in der Beziehung distanziert; je mehr sie sich in der Beziehung distanziert fühlte, desto enttäuschter war sie. Mia begann zu erkennen, dass die Macht, die sie in der Beziehung hatte, kein bloßes Klischee war, sondern eine echte Kraft, die etwas verändern konnte. Sie machte sich klar, was *sie* fühlen wollte, was *ihre* Kinder von ihr lernen sollten und welche Erinnerungen *sie* schaffen wollte. Vor allem, so wurde ihr klar, war sie enttäuscht, dass Liam keine Initiative ergriffen hatte, um einfache, romantische Wochenenderlebnisse zu schaffen, die sie gerne hätte. Sie konzentrierte sich auf das, was sie selbst gerne wollte, und beschloss, in ihrer Beziehung selbst zur Anführerin zu werden, anstatt nur passive Teilnehmerin zu sein. Ihre Führungsinitiative zeigte sich in einfachen, aber fundamentalen Dingen, wie dass sie eine neue Kaffeemaschine kaufte, begann, freitags Gebäck einzukaufen und zwei Stühle am Fenster zum Garten platzierte. Liam war gerne bereit, samstags gemeinsam entspannt Kaffee zu trinken und sich zu unterhalten.

Doch Mia nahm noch mehr Veränderungen vor. Sie begann, mit Liam nur noch so zu sprechen, wie sie gerne wollte, dass man mit ihr spricht – ihr Tonfall wurde weicher und ihre Inhalte positiver. Hier ist wichtig, zu beachten, dass sie diese Veränderungen nicht für Liam machte, denn sie fühlte sich von ihm sehr verletzt, sondern sie tat es *für sich selbst und ihre Kinder*. Als sie diese energetische Wandlung durchführte, stellte sie fest, dass sie tatsächlich zufriedener wurde. Sie genoss die Gespräche mit ihrem Ehemann mehr – und zwar einerseits, weil ihr die Gespräche nun besser gefielen, und andererseits, weil sie ein besseres Gefühl dabei hatte, dass ihre Kinder ihren respektvollen Umgang miteinander mitbekamen. Besonders beeindruckt war sie, dass Liam, weil sie sich selbst an die Wirkmacht in ihrer Ehe erinnert hatte, sich auch an die seine erinnerte. Mia schöpfte immer mehr Hoffnung, als Liam begann, immer mehr so zu reagieren, wie sie es sich immer gewünscht hatte, zum Beispiel, dass er Tickets für ein Konzert kaufte und einen Campingausflug plante. Indem sich Mia an *ihre* Wirkmacht in *ihrer* Beziehung erinnerte, veränderte sie sich nicht nur selbst, sondern sie veränderte auch die Chemie in ihrer Ehe, und letztlich schuf sie so gemeinsam mit ihrem Mann eine erfüllendere Beziehung.

Diese Übung bewirkt auch außergewöhnliche Veränderungen im Arbeitsumfeld. Ich habe zum Beispiel mit Führungsteams gearbeitet, die Probleme haben, eine Bindung zu ihren Mitarbeitern oder Kunden aufzubauen, und dann in wirkungslose Beschuldigungsfallen tappen. Sie verfallen in Glaubenssätze, die zu nichts führen, wie: »Das Problem an diesem Team ist, dass keiner motiviert ist!« oder »Das Problem an meinen Kunden ist, dass alle zu stark abgelenkt sind.« Wenn sie sich stattdessen darauf konzentrieren, was *sie selbst* für *ihr* Team oder *ihr* Geschäft wollen, reaktivieren sie in sich selbst eine starke Kraft. Hier einige Beispiele:

- Ein Content-Creator ist in Panik, weil er zu wenige Klicks in den sozialen Medien bekam. Er beschließt, nicht mehr davon besessen zu sein, was für eine Art Content sein Publikum will, und konzentriert sich stattdessen darauf, was er selbst wollte. Er fragt sich: »Wenn dies keiner liest, keiner liket oder teilt, was könnte *ich* schreiben, das mich selbst abgehen lassen würde wie eine Rakete?« Und dann schreibt er das. Ganz wichtig: Er erkennt, dass die energetische Veränderung – weg von einer performativen Inszenierung und hin zur authentischen Schöpfung – zu einer drastischen Verbesserung der Beziehung zu seinem Publikum führt. Und all das begann damit, dass er sich auf seine Beziehung zu sich selbst konzentrierte.

- Ein Führungsteam, das gestresst ist, weil es ihren Mitarbeitern an Engagement fehlt, macht sein eigenes Unternehmen stark, indem es herausfindet: »Was müssen *wir* tun, um bei uns ein neues Level an Begeisterung zu erzeugen und es auf die Mitarbeiter zu übertragen?« Während sie nach und nach ihren eigenen Schmerz beseitigen – ihre eigenen Konflikte und ihren Mangel an Inspiration –, verändert sich das Unternehmen: Die Arbeitsmoral, das Mitarbeiterengagement und auch die Mitarbeiterbindung steigen.
- Eine Mutter, frustriert von der angespannten Beziehung zu ihrer jugendlichen Tochter, verbessert ihre Beziehung zu ihrem Kind, indem sie sich auf das konzentriert, was sie selbst will. Die Mutter will eigentlich nicht immer nachfragen, nachprüfen oder das Verhalten der Tochter analysieren, aber sie glaubte, sie »müsse das«. Es stellt sich heraus, dass die Tochter nicht ständig die Energie abbekommen will, die die Mutter gar nicht ausstrahlen will. Was die Mutter wirklich wollte, war ein entspannteres Verhältnis zu ihrer Tochter, in dem es mehr Vertrauen gab und weniger Leistungsanspruch. Als die Mutter begann, zu tun, was *sie selbst* wollte, verbesserte sich das Verhältnis zu ihrer Tochter. Die Mutter war besonders erstaunt, als sie die Tochter eines Freitagabends gegen 20 Uhr fragte: »Wann kommen deine Freunde, um dich abzuholen?«, und die Tochter antwortete: »Gar nicht. Du und ich schauen uns zusammen einen Film an.«

Egal ob es Ihnen um Ihre Beziehungen bei der Arbeit oder zu Hause geht: Wenn Sie starke Beziehungen schaffen wollen, gibt es eine einfache – wenn auch kontraintuitive – Sache, die Sie tun können: Hören Sie auf, an die andere Person zu denken, und fangen Sie an, an Ihre eigene emotionale Stärke zu denken.

Wenn Sie sich an Ihre eigene Stärke erinnern, indem Sie sich so verhalten wie der Vorgesetzte, der Elternteil, Kollege oder Freund, der *Sie* sein wollen, wissen Sie, wer dann gewinnt?

Alle.

Lassen Sie nicht zu, dass der Schmerz aus der Vergangenheit die Zukunft Ihrer Beziehungen bestimmt

Wenn Sie einmal darauf achten, werden Sie feststellen, dass Ihre Beziehungen im Allgemeinen immer gleich sind. Beziehungen haben einen energetischen Sollwert, einen Rhythmus, auf den sie sich von selbst einpendeln. Beziehungen, von denen Sie immer wieder enttäuscht sind, neigen dazu, Sie andauernd zu enttäuschen; diejenigen, die Ihnen Energie verleihen, tun das andauernd; diejenigen, die Sie langweilen, langweilen Sie; und so weiter. Das liegt vor allem daran, dass unser Gehirn ein Musterdetektor ist und reflexartig vergangene Muster über gegenwärtige Interaktionen legt.

Wie wir schon im neuroenergetischen Code 2 besprochen haben, kann ein Musterdetektor nur dann funktionieren, wenn die Vergangenheit der Gegenwart übergestülpt wird. Sie wissen nur deshalb, dass im folgenden Puzzle die Antwort »Apfel« ist:

Apfel. Apfel. Apfel. [füllen Sie die Lücke aus],

weil Sie die Daten aus der Vergangenheit haben, um die Leerstelle in der Zukunft auszufüllen.

Das Gefühl, das Sie in Ihrer Beziehung *empfunden haben*, erzeugt die energetische Projektion dafür, welches Gefühl Sie in Ihrer Beziehung *emp-*

finden werden. Was ich hier »energetische Projektionen« nenne, nennen Sie wahrscheinlich Erinnerungen. Erinnerungen sind energetische Prägungen, der Nachhall der neuronalen Empfindungen, wie etwas auf Sie gewirkt hat.[48]

Erinnerungen können zwar unterschiedliche Formen haben, aber die Neurowissenschaft hat klar nachgewiesen, dass emotionale Erinnerungen (im Gegensatz zu Erinnerungen von Fakten) die einprägsamsten sind.[49] Strukturen im Gehirn wie die Amygdala oder der Hippocampus – die beide wesentlich sind für die emotionalen Erinnerungen – ermöglichen es uns, lange zurückliegende Erinnerungen zu speichern und zu reaktivieren, um uns auch in aktuellen Beziehungen Orientierung zu geben.

Wenn die Erinnerungen, die Sie über Ihre Beziehung gespeichert haben, grundsätzlich positiv sind, werden Sie ein grundsätzlich positives Gefühl haben. Wenn Ihre Erinnerungen grundsätzlich negativ sind, werden Sie ein grundsätzlich negatives Gefühl haben. Doch egal, wie Ihre Beziehungen in der Vergangenheit verlaufen sind, dieser neuroenergetische Code ist dazu da, Ihnen zu helfen, diese Beziehungen für die Zukunft stark zu machen.

Übung: Visualisieren und abgleichen

Um die Muster aus der Vergangenheit in Ihren Beziehungen aufzuheben, müssen Sie eine umfassende Vision von der Zukunft entwickeln. Das können Sie durch eine Übung in zwei Schritten tun:

1. Visualisieren Sie es.
2. Gleichen Sie es ab.

Schritt 1: Visualisieren Sie es

Forschungen über Visualisierung haben ergeben, dass man für eine effektive Visualisierung sehr konkret sein muss mit den Bildern, die man sich vorstellt. Weil es aber schwierig ist, eine Vision von einer vollständigen

Beziehung zu erstellen, müssen Sie nur einfach eine deutliche »Erinnerung aus der Zukunft« visualisieren. Suchen Sie sich die Beziehung aus, auf die Sie sich konzentrieren wollen, und wählen Sie eine »Zielperson«. Ihre Zielperson kann ein bestimmter Mensch sein, wie ein bestimmter Kollege, Ihr Partner, ein Kunde, ein Elternteil. Oder die Zielperson kann eine Gruppe von Menschen sein, wie Ihr Team oder Ihre Kunden. Alles, was Sie brauchen, ist ein Stück Papier und etwas Zeit, um die Visualisierung zu entwickeln.

Übrigens ist dies auch eine großartige Übung, um sie mit Ihrem Team oder Ihrem Partner zu machen. Die Teilnehmer können sie jeweils für sich allein durchführen und dann ihre Antworten teilen. Das ist sehr wirkungsvoll und schafft ein Gefühl von Zusammenhalt.

1. Stellen Sie sich einen *bestimmten, bedeutenden Moment in der Zukunft* vor, der für Ihre Beziehung mit Ihrer Zielperson sehr wichtig sein wird. Zum Beispiel:
   - Wenn es der erste Mitarbeiter ist, den Sie eingestellt haben, können Sie sich Ihre Beziehung zu dessen einjährigem Jahrestag vorstellen.
   - Wenn Sie ein kleines Start-up haben, können Sie sich das Verhältnis zwischen Ihnen und Ihrem Team zu dem Zeitpunkt vorstellen, wenn das Unternehmen an die Börse geht.
   - Wenn es Ihre Ehe ist, können Sie sich eine Szene am Ende Ihres Lebens vorstellen.
   - Wenn es Ihr kleines Kind ist, können Sie sich den Tag vorstellen, an dem es von zu Hause fortgeht ans College, oder seinen Hochzeitstag.

2. Stellen Sie sich diese Szene vor, als ob sie sich auf einem Bildschirm abspielt, und fokussieren Sie intensiv darauf, *wer Sie in dieser Szene sind.* Und es ist nicht einfach irgendeine Szene – es ist eine oscarreife Vorstellung. Hier und jetzt ist die Zeit für

Drama und Details. Sie können alles an sich selbst sehen und empfinden: Was Sie sagen, wie Sie sich fühlen, wie sich die Menschen um Sie herum fühlen, Ihre Körpersprache, deren Körpersprache. Visualisieren Sie intensiv, welches Gefühl Sie bei all dem haben. Schreiben Sie das alles jetzt auf, und zwar so detailliert, wie Sie können. Noch mal, die Methode der Visualisierung funktioniert am effektivsten, wenn Sie *sehr* konkret sind. Seien Sie nicht zurückhaltend. Dies hier geht niemanden etwas an, es sei denn, Sie wollen es jemandem zeigen. Denken Sie also dran: sehr viel Gefühl und sehr genaue Details.

Schritt 2: Gleichen Sie es ab

Nun, da Sie eine klare Vision – buchstäblich ein detailliertes Skript – davon haben, wie sich Ihre Beziehung in Zukunft anfühlen soll, ist alles, was Sie noch tun müssen, Ihre Energie damit abzugleichen. Das zukünftige Selbst, das Sie in Ihrer Vision beschrieben, ist eine energetische Erweiterung der Führungskraft, die Sie im Moment sind. Mit anderen Worten, die Version in Ihrer Visualisierung sind Sie, aber noch *mehr*. Ich weiß zwar nicht, was Sie geschrieben haben, aber ich bin sicher, Sie haben eine erweiterte Version von sich selbst beschreiben – vielleicht selbstbewusster, inniger verbunden, friedlich, kreativ oder versöhnlich. Doch egal was Sie geschrieben haben, Sie haben eine stärkere Version von sich selbst beschrieben. Mit anderen Worten: In diesem Moment stimmen Sie nicht genau mit der Vision überein, die Sie beschrieben haben. Wenn Sie energetisch tatsächlich jetzt schon in der Lage wären, Ihre Vision zu leben, hätten Sie sie sich nicht ausgesucht, denn dann hätten Sie sie ja schon.

Wenn Sie zum Beispiel ein Unternehmen hätten, das im Moment 1 Million Dollar im Jahr Gewinn macht, und ich würde Sie bitten, sich eine erweiterte finanzielle Zukunft für Ihr Unternehmen vorzustellen, würden Sie nicht 1 Million Dollar sagen. Sie würden mehr anvisieren – vielleicht 5 Millionen Dollar, vielleicht 500 Millionen Dollar. Doch egal, wie hoch die Summe in Ihrer Visionierung wäre, jetzt im Moment haben Sie nicht die Energie dafür. Dazu müssten Sie sich von da, wo Sie jetzt stehen, weiterentwickeln – Ihr Denken, Ihre Entscheidungen und die Regulierung Ihrer Emotionen, all das müsste sich ändern, um diese zukünftige Version Ihres Selbst zu werden. Das ist der Sinn der Abgleichung.

Kehren wir zurück zu Ihrer Visualisierung. Stellen Sie sich nun folgende Frage: Zu welcher konkreten, machbaren und klaren Aktion wäre ich bereit, *egal, was passiert*, um mich weiterzuentwickeln und die Version meiner selbst zu werden, die eine stärkere Beziehung mit meiner Zielperson hat?

Beispiele können sein:

- Hören Sie auf, Ihre Zielperson zu kritisieren.
- Hören Sie auf, sie zu unterbrechen.
- Hören Sie auf zu sticheln.
- Machen Sie Ihrer Zielperson ein klares Kompliment am Tag. Sagen Sie etwas so Mutiges, dass es Sie an Ihre emotionale Grenze bringt (z. B. anstatt im Vorbeigehen zu sagen: »Gute Präsentation«, sehen Sie der Person direkt in die Augen und sagen Sie: »Ich wollte Ihnen sagen, dass ich von Ihrer Präsentation sehr beeindruckt war, weil [füllen Sie die Lücke aus]«).
- Widmen Sie Ihrer Zielperson jeden Tag, jede Woche oder jeden Monat eine Geste der Aufmerksamkeit (z. B. kaufen Sie ihm einen Kaffee; fragen Sie sie, ob Sie ihr etwas aus der Cafeteria mitbringen können; schicken Sie ihm ein lustiges Bild; fragen Sie sie, ob sie mitkommt auf einen kurzen Spaziergang).
- Hören Sie auf, bestimmte Fragen zu stellen (»Warum machst du das immer so?« oder »Wann erledigen Sie das?«).
- Fangen Sie an, Ihrer Zielperson jedes Mal, wenn Sie sie sehen, eine bestimmte, feststehende Frage zu stellen (»Was gibt es Neues bei dir?« oder »Kann ich Ihnen bei irgendetwas helfen?«).
- Beten Sie jeden Tag, jede Woche oder jeden Monat oder machen Sie Herzmeditationen über diese Person.

- Fangen Sie an, mit dieser Person jeden Tag ein zweiminütiges Gespräch zu führen, das nicht die Arbeit zum Thema hat.
- Sammeln Sie Informationen über Ihre Zielperson, jedes Mal, wenn Sie mit ihr interagieren. Notieren Sie sich das in Ihrem Handy und beziehen Sie sich in zukünftigen Gesprächen mit der Person auf Ihr Wissen über sie.
- Hören Sie auf mit unhöflichen Gesten wie Seufzern oder Augenrollen.
- Schaffen Sie gezielt Raum für Ihre Zielperson, damit sie ihre Meinung äußern kann (: »Ich habe meine Meinung schon gesagt, aber mich interessiert sehr, was Sie dazu sagen. Was denken Sie über X?«).
- Weigern Sie sich, an *jeglichem* Gespräch teilzunehmen, in dem es darum geht, wer recht hat.
- Atmen Sie immer einmal tief durch, bevor Sie mit Ihrer Zielperson sprechen, egal in welcher Situation.
- Denken Sie immer daran, ein freundliches Gesicht zu machen und Ihrer Zielperson in die Augen zu sehen.
- Schreiben Sie jeden Tag, jede Woche oder jeden Monat einen Dankesbrief an Ihre Zielperson, auch wenn Sie der Person diese Briefe niemals zeigen.

Der Aspekt »Egal, was passiert« in dieser Übung ist sehr wirkungsvoll. Wenn Sie diese Bedingung erfüllen können, wird Ihre emotionale Stärke durch die Decke gehen und Ihre Beziehungen werden davon enorm profitieren. Wenn alles ruhig ist, könnte man leicht annehmen, es sei alles in Ordnung mit der Beziehung. Angenommen Sie haben beschlossen, dass es wirksam für Sie ist, immer tief durchzuatmen, bevor Sie mit Ihrer Zielperson sprechen. Dann kann es trotzdem leicht passieren, dass Sie dies für unnötig erachten, wenn Sie nur ein lockeres Gespräch mit Ihrer Zielperson führen. Es mag unnötig erscheinen – vielleicht sogar komisch –, immer tief durchzuatmen. Tun Sie es trotzdem. Sie trainieren sich für das Elite-Level der zwischenmenschlichen Energie. Halten Sie Ihre Position. Üben Sie.

Die Klausel »Egal, was passiert« ist sogar noch wichtiger für die Situationen, in denen Sie getriggert werden. Wenn Sie getriggert sind, ist die Verlockung, in destruktive Beziehungsmuster zurückzufallen, extrem stark. Stellen Sie sich zum Beispiel vor, Sie haben sich für Ihre Beziehung vorgenommen, »Ich höre auf zu kritisieren«, aber dann befüllt Ihr Partner die Waschmaschine auf völlig unqualifizierte Weise, und – scheiß drauf – Sie müssen jetzt nur einmal diese eine Ausnahme machen. Sie müssen nur ganz schnell Ihrem Partner sagen, warum es falsch ist, es so zu tun. Und überhaupt, wie kann er nur denken, dass man das so macht, und, weißt du was, geh einfach aus dem Weg und lass mich das machen – denn ICH BIN JA HIER SOWIESO IMMER DIEJENIGE, DIE ALLES MACHT.

Naja, ich bin mir sicher, Sie kennen das.

Gleichen Sie es zum Besseren an; halten Sie Ihre Position, *egal, was passiert.*

Ich erzähle jetzt noch ein Beispiel, das veranschaulicht, wie wirkungsvoll dieser Code ist. Grace war eine engagierte Mutter von zwei kleinen Töchtern und Führungskraft in einem betriebsamen Unternehmen. Da Grace ein Einzelkind gewesen war, ging es ihr oft sehr zu Herzen, wenn sie an die Beziehung dachte, die ihre beiden Töchter im Lauf ihres Lebens haben würden. Sie war nicht nur eine kluge und vielbeschäftigte Geschäftsfrau, sondern hatte auch viel Sinn für Humor. Sie war zwar stolz auf ihren Humor, aber sie war sich auch bewusst, dass ihr Humor oft einen beißenden, sarkastischen Unterton hatte.

Eines Tages, als ihre vierjährige Tochter einen Turm umstieß, den sie zusammen mit ihrer sechsjährigen Schwester gebaut hatte, hörte Grace, wie die Sechsjährige zur Vierjährigen sagte: »Sind deine Hände Bauklötze? Sei doch nicht so ein Dummkopf!« Die Vierjährige brach in Tränen aus und die Sechsjährige ruderte zurück: »Schon gut; das war doch nur ein Witz.« Als Grace diese Interaktion zwischen ihren Kindern beobachtet hatte, erstarrte sie. Grace nannte zwar andere für gewöhnlich nicht »Dummkopf«, aber sie erkannte deutlich ihren eigenen energetischen Fingerabdruck in dieser rauen Interaktion zwischen ihren beiden Kleinkindern. Grace wusste, sie war es gewesen, die ihren Kindern beigebracht hatte, die Beleidigungen anderer kleinzureden und zu sagen, das sei doch lustig. Ihr wurde klar, dass Kommentare wie diese nicht zu einer Verbundenheit führten; sie verhinderten sie eher.

Als Grace die Beziehungen in ihrer Familie visualisierte, wusste sie, sie wollte sie zu einer sanfteren Art hinführen, die zu mehr Verbundenheit führte. Sie schwor sich, wenn sie diese Energie in ihre Familie gebracht hatte, konnte sie sie auch wieder daraus entfernen. Sie begann zu visualisieren, wie sie wollte, dass ihre Familienmitglieder in Zukunft miteinander umgingen, und ihr wurde bewusst, dass es ihre konkrete, machbare und eindeutige Aufgabe war, ihren eigenen Sarkasmus aufzugeben, und so zu einer besseren Version ihrer selbst zu werden. Es ärgert sie zwar manchmal noch immer, wenn sie eine Steilvorlage für eine gute, spitze Pointe sausen lässt, doch sie hält an ihrer Vision von sanfteren, liebevolleren Beziehungen fest.

Der Beweis für die tiefe Wandlung, die sie in ihrer Familie bewirkt hatte, kam drei Monate später, als ihre Mädchen wieder mit Bauklötzen spielten, und die Vierjährige wieder versehentlich den Turm umstieß, den sie gerade bauten. Als die Vierjährige anfing zu weinen, sagte die Sechsjährige: »Nicht weinen, Schwester. Wir können ihn doch einfach wieder aufbauen.« In dem Moment wusste Grace, dass die Energie in ihrer Familie sich gewandelt hatte und dass sie ihre Familie in eine lohnenswertere Zukunft führte.

Hier ergibt sich noch eine letzte Frage. Wenn ich diese Übung mit meinen Klienten durchführe, fragen mich manche: »Wie lange muss ich denn diesen energetischen Zustand aufrechterhalten?« Die Antwort lautet: So lange, wie Sie es für hilfreich halten. In Graces Fall hat sie beschlossen, dass sie in bestimmten Beziehungen keinen Sarkasmus mehr anwenden will, weil die zugrunde liegende Energie sich nicht mit dem Führungsstil verträgt, den sie verkörpern will. Wenn Sie jedoch so etwas ausgewählt haben wie immer einmal tief durchzuatmen oder jeden Tag ein zweiminütiges Gespräch mit Ihrer Zielperson zu führen, sollten Sie solange weitermachen, bis die Beziehung einen Punkt erreicht, an dem Sie das Gefühl haben, dass der neue Zustand, den Sie erreicht haben, stabil ist.

. . .

Eine der fundamentalsten Methoden, um Beziehungen zu verbessern, ist, sich daran zu erinnern, was Beziehungen eigentlich sind: Das, *was Sie gemeinsam mit einem anderen Menschen erschaffen*, mit dem Sie in Beziehung stehen. Da Ihre Beziehungen ein direktes Produkt *Ihrer* Energie sind, haben Sie einen enormen Einfluss darauf, Ihre Beziehungen so stark und erfüllend zu gestalten, wie Sie es sich wünschen. Wie Sie Ihre Energie einsetzen, hat einen starken Einfluss darauf, wie Ihre Beziehungen sich entwickeln werden. Die Erkenntnis, dass Beziehungen eine Form von Energie sind, die sich im Lauf der Zeit wandelt, verdeutlicht, wie wichtig es ist, dass Sie visualisieren, wohin Sie Ihre Beziehungen lenken wollen. Die Visualisierung – eine Form der neuronalen Konditionierung – ist das Portal des Gehirns, das es Ihnen ermöglicht, über die Muster des Jetzt hinauszuwachsen und den Blick auf eine bessere und schönere Realität zu richten, die nun möglich ist.

Schluss:

Nutzen Sie Ihre Stärke und wachsen Sie über sich hinaus

Damit ich die Arbeit, die ich tue, überhaupt tun kann, halte ich fest an dem Glauben, dass das Leben nicht dualistisch ist – der Gedanke, dass selbst in der Dunkelheit noch immer Licht ist. Ich habe immer wieder erlebt, dass uns gerade in den Augenblicken tiefsten Schmerzes klar wird, dass es noch Hoffnung gibt, dass wir noch Kraft haben und dass die Verbundenheit bestehen bleibt.

Im Fallen erkennen wir: Energie steigt auf.

Um auf das volle Potenzial Ihrer emotionalen Stärke zugreifen zu können, müssen Sie lernen, mit Ihrem emotionalen Schmerz zu arbeiten, und zwar aus einem einfachen Grund: Ihr hartnäckigster Schmerz kommt davon, was Sie *jetzt bereits* über sich selbst denken – dass Sie nicht gut genug sind, nicht wichtig genug oder nicht wertig genug. Und das Entscheidende an diesem Schmerz ist, dass Sie nie besser sein können, als das, was Sie über sich selbst glauben.

Im Lauf der vielen Jahre, in denen ich mit allen erdenklichen Formen von menschlichem Leid zu tun hatte, habe ich die Gewissheit entwickelt, dass im Schmerz ein heiliges Versprechen liegt. Dieses Versprechen lautet: All das, wovon Sie glauben, dass es an Ihnen kaputt, ungenügend, hässlich und demütigend ist, all das ist nicht dazu da, um Sie zu erniedrigen. Es ist dazu da, um Sie zu befreien.

Hört sich unmöglich an?

Ist es aber nicht.

Allein dass Sie leben, ist bereits der Beweis für das Unmögliche, das möglich wurde. Sie sind, ganz wörtlich, Fleisch gewordene Energie. Ihr Gehirn ist eine elektrische Maschine, die vor rund 13 Milliarden Jahren im Inneren der Sterne ihren Ursprung hatte.[50] In meinem Lieblingszitat über das Wunder des Gehirns schreibt der Neurowissenschaftler V. S. Ramachandran:

> »Wie können drei Pfund Gallertmasse, die man in einer Hand halten kann, sich Engel vorstellen, Betrachtungen über die Bedeutung der Unendlichkeit anstellen oder sogar ihren eigenen Platz im Kosmos infrage stellen? Besonders ehrfurchtgebietend ist die Tatsache, dass jedes einzelne Gehirn, auch das Ihre, aus Atomen besteht, die im Inneren von zahllosen weitentfernten Sternen vor Milliarden Jahren gebildet wurden. Diese Partikel schwebten über Äonen und Lichtjahre herum, bis die Schwerkraft und veränderte Bedingungen sie hier und jetzt zusammenbrachten. Diese Atome formen jetzt ein Konglomerat – Ihr Gehirn –, das nicht nur über genau die Sterne sinnieren kann, die es hervorbrachten, sondern auch nachdenken kann über seine eigene Fähigkeit zu denken und staunen über seine eigene Fähigkeit zu staunen. Mit der Ankunft des Menschen, so sagt man, ist sich das Universum plötzlich seiner selbst bewusst geworden. Dies ist wahrhaftig das größte Mysterium von allen.«[51]

Für einen winzigen Bruchteil der Zeit, etwa 700 000 Stunden, werden Sie in die reine Potenzialität Ihres eigenen Lebens gerufen. Ihre Führungsfähigkeit – Ihre Energie, um Ihr eigenes Leben und das jener, die von Ihnen abhängig sind, zu beeinflussen – ist Ihre größte Macht in diesem Leben. Ob Ihre Führung mittelmäßig oder meisterhaft ist, hängt allein von Ihnen ab. Oft, wenn Sie vom Weg abkommen, liegt es einfach daran, dass Sie vergessen haben, was Sie *bereits* sind.

Sie lesen dieses Buch, weil es an der Zeit war, sich daran zu erinnern.

Verraten Sie mir eines: In einem Leben, in dem Sie – ohne auch nur ein Fünkchen Ihres eigenen Willens – einen menschlichen Körper mit Energie erfüllten, um das Leben eines Menschen zu führen, auf einem komischen Ball, der durch ein dunkles Universum fliegt, von dem die Astrophysiker heute glauben, dass es endlos ist, was könnte Ihnen da zustoßen, was nicht wieder gutgemacht werden könnte?

Was sollte da für Sie unmöglich zu erreichen sein?

Sie wollen die Art ändern, wie Sie im Leben auftreten? Natürlich können Sie das. Sie wollen ein Unternehmen gründen? Natürlich können Sie das. Sie wollen Beziehungen mit einem Mut führen, der Ihnen den Atem raubt? Natürlich können Sie das. Ihr Trauma heilen? Aufhören, Ihre Kraft zu verschenken, für den dümmlichen Preis der Bestätigung anderer? Die rasende Welle intergenerationaler Traumata für Ihre Kinder bremsen?

Natürlich können Sie das.

Was die Welt heute mehr als alles andere braucht, sind Führungspersönlichkeiten, die an die *ganze* Verheißung unserer *ganzen* Menschlichkeit glauben. Gerade jetzt hängt das Schicksal von so vielem – unsere Beziehungen zueinander, die Sicherheit unserer Kinder und die Lebensfähigkeit unseres Planeten – am seidenen Faden der Ungewissheit. Der Schmerz der Menschen entspringt der Energie der Unsicherheit. Überall sieht man Menschen, die Schmerzen haben – sie sind nervös, misstrauisch, ängstlich und erschöpft. Die Welt wartet auf Menschen, die sich schmerzhafter Gefühle nicht nur bewusst sind, sondern die auch genau wissen, wie sie damit umgehen müssen.

Die Welt wartet auf Sie.

Und Ihr größter Dienst an der Welt erfordert nicht mehr als das, was Sie bereits sind. Die Welt braucht die ganze Bandbreite Ihrer Energie.

Die Welt braucht Sie, damit Sie ihr zeigen, wie sie mit ihrer Furcht, ihrer Wut, ihrer Unzulänglichkeit und ihren Ängsten umgehen kann, indem sie Ihnen dabei zusieht, wie Sie Ihre eigenen schmerzlichen Gefühle verwandeln.

Wenn es eine Botschaft gibt, die Sie hoffentlich aus diesen Codes mitnehmen, dann diese: Um kraftvoll zu führen, müssen Sie ganzheitlich führen. Wenn Sie erkennen, dass Sie auf diesem Planeten sind, um die ganze Energie Ihres ganzen Lebens zu verkörpern, wachsen Sie über sich hinaus und werden zu dem, was Sie immer schon sein wollten: Sie selbst. Und in diesen Momenten, in denen Sie über sich hinauswachsen und die stärkste Version Ihrer selbst sind, zeigen Sie auch allen anderen den Weg nach Hause.

Anhang

Die Codes zusammenfügen: eine Zusammenfassung

Jeder der neuroenergetischen Codes bietet Ihnen wirkungsvolles Wissen, um Ihre emotionale Stärke zu steigern – Ihre Fähigkeit, inmitten der unvermeidlichen Herausforderungen des Lebens stark zu bleiben. Die neuroenergetischen Codes liefern Einblicke in die Wissenschaft über die Funktionsweise Ihres Gehirns. Wenn Sie besser verstehen, wie Ihr Gehirn Ihre Wirklichkeit konstruiert, können Sie Ihr Leben so umgestalten, dass es erfüllender und selbstbestimmter ist. Die Codes sind zwar jeder für sich sehr wirkungsvoll, aber am stärksten ist ihre Wirkung, wenn man sie miteinander kombiniert, integriert und auf Ihr Leben anwendet. Im Folgenden finden Sie eine kurze, verständliche Zusammenfassung aller acht Codes.

Code 1: Erweitern Sie Ihre emotionale Stärke

Wenn Sie die Energie, die in Ihrem Schmerz gebunden ist, umwandeln, erweitern Sie Ihre emotionale Stärke. Dieser Code zeigt Ihnen, wie Sie *Ihre emotionale Toleranzgrenze ausdehnen können*, indem Sie Ihren emotionalen

Schmerz nutzen, um Ihre emotionale Stärke zu steigern. So können Sie *Ihre emotionale Toleranzgrenze erweitern*:

- **Suchen Sie sich einen stärkeren Schmerz**: Diese Strategie mit ihrer Übung in vier Teilen steigert Ihre emotionale Stärke, indem sie Ihnen zeigt, wie Sie mit dem sinnlosen Versuch aufhören, Ihre Probleme zu beseitigen, und stattdessen anfangen, sie upzugraden.
- **Halten Sie die emotionale Erschütterung aus**: Diese Strategie mit einer zweiteiligen Begleitübung zeigt Ihnen, wie Sie in Ihrem Nervensystem mehr Energie halten, damit Sie emotional stärker werden können.

STICHWORTE:

- Emotionaler Schmerz ist eine Energie.
- Weil er eine Energie ist, folgt emotionaler Schmerz den Gesetzen der Physik, die besagen, dass Energie niemals zerstört werden kann, doch sie kann umgewandelt werden.
- Ein großer Teil des Schmerzes in Ihrem Leben entsteht dadurch, dass Sie immer wieder Verrat an sich selbst begehen, indem Sie Ihre wahren Emotionen von der Realität Ihrer Handlungen abspalten.
- Um Ihren Schmerz in Kraft umzuwandeln, hören Sie auf, gegen das anzukämpfen, was Sie wirklich wollen.
- Sie können Ihren Schmerz nicht auslöschen oder eliminieren, aber Sie können seine Energie für Ihre emotionale Weiterentwicklung nutzen.
- Wenn Sie sich die Energie des Schmerzes nicht zunutze machen, wird sie Sie ersticken. Wenn Sie sie aber nutzen, kann sie Sie stark machen.
- Wenn Sie Ihre emotionale Toleranzgrenze ausbauen, wird Ihr Führungsstil – in der Arbeit wie im Privaten – effektiver.

Code 2: Schaffen Sie sich Ihr Power-Muster

Eine sehr wirkungsvolle Funktion Ihres Gehirns ist seine Fähigkeit zur Mustererkennung. Ihre Muster befördern Sie mühelos durchs Leben, doch die Qualität Ihrer Muster entscheidet darüber, ob Sie selbstbestimmt oder in Schmerz leben. Dieser Code zeigt Ihnen, wie Sie sich Ihr Power-Muster schaffen. Durch eine Übung in drei Schritten – Formen, Prüfen und Wiederholen – haben Sie gelernt, wie Sie für Ihr Leben ein mutiges, kühnes Grundmuster schaffen, einen Rahmen, der es Ihnen ermöglicht, auch in den schwierigsten Momenten Ihres Lebens noch kraftvoll zu führen.

STICHWORTE:

- Muster sind von zentraler Bedeutung für Ihren Führungsstil, denn sie bestimmen, wie Ihr Gehirn funktioniert.
- Die Mustererkennungsfähigkeiten Ihres Gehirns sind ausschließlich auf Ihr Überleben ausgerichtet. *Alles andere* ist zweitrangig. Der sicherste Beweis dafür, dass Sie eine Situation überleben können, ist *Vertrautheit*. Wenn Sie etwas schon einmal erlebt haben – egal wie schlecht es Ihnen damit ging –, ist es Ihrem Gehirn vertraut genug, dass es sicher ist, Sie können es überleben.
- Ihre Führung wird kraftvoller, wenn Sie nach Mustern suchen – aber nicht in einzelnen Situationen, sondern in Ihrer (oft unbewussten) emotionalen Energie.
- Versuche, Muster in Ihrem Leben zu verändern, scheitern, wenn sie sich auf die Situation konzentrieren. Um Ihre Muster zu verändern, müssen Sie sie auf der Ebene von *Zeit* und *Emotion* angehen – indem Sie herausfinden, wie Gefühle aus der Vergangenheit Ihre heutigen Situationen beeinflussen.

Code 3: Machen Sie sich Ihre emotionale Energie zunutze

In diesem Code stelle ich Ihnen den Baum des Schmerzes vor und zeige Ihnen, wie Sie mit dem besonders schmerzhaften Gefühl der Demütigung umgehen können. Durch den Baum des Schmerzes haben Sie emotionale Klarheit gewonnen, indem Sie lernten, dass viele Probleme von der (oft unbewussten) Angst vor Demütigung verursacht werden, und zwar auch solche Probleme, die oft oberflächlich betrachtet gar nichts mit Demütigung zu tun haben. Zwei Strategien, »Lass sie los« und »Wähle dich selbst«, haben Ihnen gezeigt, wie Sie die Energie der Demütigung nutzen können und dadurch an emotionaler Stärke gewinnen.

STICHWORTE:

- Keine Situation hat irgendeine Bedeutung, solange sie nicht durch Ihre Emotionen aufgeladen ist.
- Viele Probleme in Ihrem Leben sind auf die (oft unbewusste) Vermeidung von Demütigung oder potenzieller Demütigung zurückzuführen.
- Das emotionale Gegenteil von Demütigung ist Wertigkeit.
- Die Energie der Demütigung ist so mächtig, dass man ihre tiefen Auswirkungen überall in menschlichem Verhalten findet, von Mitarbeiterengagement bis Kriegsveteranen.
- Scheinbar harmlose Verhaltensweisen wie Übertreibung, Dampf ablassen oder Klatsch und Tratsch sind der Schlüssel, mit dem Sie Demütigung in Selbstbewusstsein umwandeln können.

Code 4: Unsicherheit meistern

Unsicherheit hat einen vorhersehbaren Rhythmus, sie löst bei Ihnen immer genau dieselben Gedanken und Gefühle aus, *unabhängig von der einzelnen Situation*. Sie werden emotional viel stärker, wenn Sie sich nicht mehr darauf konzentrieren, jedes ungelöste Szenario zu lösen, sondern sich stattdessen auf die Person konzentrieren, zu der Sie unter der Energie der Unsicherheit *routinemäßig* werden. Dieser Code zeigt Ihnen, wie Sie die Unsicherheit meistern, indem Sie der Held Ihrer eigenen Geschichte werden, und zwar mit zwei Übungen:

- Holen Sie Informationen ein, nicht Bestätigung. Das Einholen von Bestätigung – wiederholt nach bestimmten Antworten auf Fragen zu suchen, die nicht zu beantworten sind – schwächt Ihre emotionale Stärke. Das Einholen von Informationen fördert sie. Diese Übung hilft Ihnen dabei, zu erkennen, wann Sie sich Informationen holen und wann Sie nach Bestätigung suchen.
- Sagen Sie »Ich weiß es nicht«. Wenn Sie sich unsicher sind, haben Sie nur zwei Möglichkeiten: Sie können so tun, als wüssten Sie es, oder Sie können die Wahrheit sagen. Wenn Sie der Held Ihrer eigenen Geschichte sein wollen, nehmen Sie Ihren Mut zusammen und sagen Sie vier Worte: »Ich weiß es nicht.«

STICHWORTE:

- Paradoxerweise sind es die Dinge, die Sie unternehmen, um die Unsicherheit zu vermeiden – und nicht die Unsicherheit selbst –, die Ihnen den größten emotionalen Schmerz bereiten.
- Alle Arten von Ängsten – von den kleineren bis hin zu den pathologischen – können als dysfunktionale Beziehung zur Unsicherheit betrachtet werden.

- Oft sind die Dinge, die Sie tun, um sich vor Schmerzen zu schützen – Überanstrengung, Überarbeitung, Überforderung, übermäßiges Grübeln – die Ursache für Ihre Schmerzen, und nicht die Unsicherheit selbst.
- Irgendwann kommt der Punkt, an dem das Sicherheitsverhalten, das Sie anwenden, um sich vor Unsicherheit zu schützen, zu genau dem Verhalten wird, das Sie verletzt.
- Nur wenn Sie die wahre Quelle Ihres Schmerzes erkennen, können Sie ihn lindern.

Code 5: Wie Sie Ihren Quellcode neu verdrahten

Sie stärken Ihre Führungsqualitäten, wenn Sie verstehen, wie Sie selbst von Ihren ersten, ursprünglichen Führungspersonen geführt wurden: Ihre Eltern. Ihre Eltern verliehen Ihnen Ihren »Quellcode«, Ihr erstes Modell davon, wie Führung aussieht. Dieser Code ermöglicht es Ihnen, verinnerlichte – und oft unbewusste – »Programmierungen« aus der Kindheit zu verbessern, die Sie in der Gegenwart daran hindern, Ihre emotionale Stärke voll und ganz zu entfalten. Indem Sie Ihren Quellcode neu verdrahten, *reagieren* Sie auf Trigger aus der Kindheit nicht mehr nur reflexartig; sondern Sie *antworten* darauf mit der ungefilterten Kraft Ihrer emotionalen Präsenz. Das »Neuverdrahten«, also die Umwandlung Ihres Quellcodes, haben Sie in vier Schritten vorgenommen:

1. **Sich erinnern**: In diesem Schritt haben Sie sich an Ihren Quellcode erinnert, indem Sie sich Unbewusstes ins Bewusstsein geholt haben.

2. **In Verbindung bringen**: In diesem Schritt haben Sie Ihre frühesten Führungserfahrungen in Verbindung gebracht mit der Art und Weise, wie Sie in der Gegenwart Ihr Leben und andere Menschen führen, am Arbeitsplatz und im Privatleben.

3. **Erkennen**: In diesem Schritt haben Sie verstanden, wie Ihr Quellcode sich auf eine Weise, die Ihnen nicht gefällt, in Ihrem Leben manifestiert.

4. **Neu verdrahten**: In diesem Schritt haben Sie Ihren Quellcode neu verdrahtet, indem Sie emotional wirkungsvollere Methoden entwickelt haben, wie Sie Ihr Leben führen können.

STICHWORTE:

- Aufgrund des erstaunlichen Hirnwachstums zwischen Geburt und dem Alter von fünf Jahren ist vieles von Ihrem Führungsverhalten auf Muster zurückzuführen, die Sie in der Kindheit gelernt haben.
- Ihre heutigen Überreaktionen (z. B. ständiges Grübeln, Überengagement, übermäßiges Arbeiten) haben mit der Programmierung aus der Kindheit zu tun.
- Indem Sie die Erfahrungen von Schmerz aus Ihrer Kindheit herausfinden – entweder solche, die Sie direkt *von* Ihren Eltern erfahren haben, oder solche, die Sie *bei* Ihren Eltern erlebt haben – gewinnen Sie die Erkenntnis, wie Sie heute einen wirksameren Führungsstil entwickeln können.

Code 6: Hören Sie auf, Befehle zu erteilen

Die Energie von Befehl und Kontrolle ist, wenn Sie versuchen, die Energie anderer zu kontrollieren – ihr Verhalten, ihre Gedanken oder Gefühle –, damit Sie keine Mühe aufwenden müssen, um Ihre eigene Energie zu ändern. Es ist die Energie, die sagt: »Du machst, was ich sage, damit ich nicht anders sein muss.« Dieser Code zeigt Ihnen, wie Sie aufhören können, diese Energie zu verwenden, und damit dynamischere Beziehungen mit einem stärkeren Gefühl von Verbundenheit aufbauen. In der Übung hierzu haben Sie einen Prozess gelernt, durch den Sie nicht mehr darauf angewiesen sind, andere zu kontrollieren, was Sie zu einer stärkeren, ruhigeren und selbstbewussteren Führungskraft macht.

STICHWORTE:

- Die Energie von Befehl und Kontrolle ist extrem verbreitet im Arbeitsumfeld, in der Erziehung, in Paarbeziehungen und sogar in den sozialen Medien.
- In den heutigen komplexen Teams, Familien und Paarbeziehungen entstehen unter der Energie von Befehl und Kontrolle keine Beziehungen von tiefer Verbundenheit, weil sie Fairness und Freiheit blockiert.
- Wenn Sie anderen befehlen, sich so zu verhalten, dass es Ihren Interessen entspricht, während Sie deren Interessen vernachlässigen, verstößt das bei diesen anderen gegen das im Gehirn angelegte Streben nach Unabhängigkeit und mindert Ihren Einfluss in Ihren Beziehungen.
- Dieser Code zeigt Ihnen, wo Sie sich möglicherweise in ein »energetisches Tauziehen« verstricken, also in emotionale Auseinandersetzungen, die Ihren Einfluss verringern und Ihre Beziehungen schwächen. Der Code erklärt auch, dass man seine eigenen Beziehungen schützt und die eigene Führungsrolle stärkt, indem man »das Tau loslässt«.

Code 7: Lassen Sie Ihren Magnetismus wirken

Magnetische Führung ist, wenn andere Ihnen aufgrund Ihres starken Beispiels folgen. Dies ist die wirkungsvollste Führungsmethode, denn sie entspricht am meisten der Funktionsweise des Gehirns. Menschen fühlen sich mit Ihnen verbunden, nicht weil Sie es ihnen *sagen*, sondern, weil sie es selbst *wollen* – eine neurologische Win-win-Situation. Dieser Code zeigt Ihnen durch eine Reihe von Überlegungen unter dem Titel »Magnetische Beziehungen schaffen«, wie Sie als Führungskraft mehr magnetische Energie verströmen können.

STICHWORTE:

- Der universelle und tiefste Wunsch jedes Menschen ist es, akzeptiert zu werden, so wie er ist – *wertig zu sein, so wie er ist.*
- Wenn Sie aufhören, ständig andere motivieren zu wollen, können Sie sich endlich auf den einzigen Menschen konzentrieren, den Sie kontrollieren können: sich selbst.
- Wenn Sie für sich selbst eine starke Führungsperson sind, werden Ihnen die Menschen folgen, denn Sie werden zum lebenden Beweis dessen, was sie in ihrem Leben am meisten wollen: Zugriff auf ihre eigene Stärke.

Code 8: Richten Sie Ihre Beziehungen auf die Zukunft aus

Sie bauen sich in der Arbeit wie auch im Privatleben stärkere Beziehungen auf, wenn Sie eine klare Zukunftsvision davon haben. Beziehungen leiden vor allem, weil sie von Mustern aus der Vergangenheit beherrscht werden, die Wiederholung, Stagnation und – in manchen Fällen – Zerstörung mit sich bringen. Dieser Code zeigt Ihnen, wie Sie stärkere, motivierende Beziehungen mit Menschen aufbauen können, die Ihnen wichtig sind – Ihre Kunden, Kinder, Kollegen, Ihr Partner oder Ihr Team –, indem Sie eine Zukunftsvision von diesen Beziehungen erstellen. Wenn Sie eine klare Vision von der Zukunft Ihrer Beziehung haben, bringt das folgende Vorteile:

- Sie erinnern sich daran, dass Sie Ihre Beziehung mitgestalten und damit auch Macht haben. Durch eine Reihe von Überlegungen erinnern Sie sich an Ihre Rolle als mächtiger Mitgestalter in Ihren Beziehungen.
- Sie verhindern, dass der Schmerz aus der Vergangenheit das Zukunftspotenzial Ihrer Beziehungen beeinträchtigt. Durch die Anwendung zweier Strategien lernen Sie, wie Sie aus stagnierenden Beziehungsmustern ausbrechen, indem Sie eine klare Vision für die jeweilige Beziehung erstellen und dann Ihre Energie darauf ausrichten.

STICHWORTE:

- Beziehungen sind nicht statisch; sie sind lebende, dynamische energetische Gebilde, die sich mit der Zeit weiterentwickeln.
- Die wissenschaftliche Methode der Visualisierung eröffnet Ihren Beziehungen viele Möglichkeiten.
- Visualisierung ist keine Zauberei; sie ist neuronale Konditionierung.
- Wenn Sie Ihre Beziehung in der Zukunft visualisieren, bringen Sie Ihr Nervensystem in die optimale Position, um die emotionale Energie zu halten, die Sie sich wünschen, besonders unter emotional schwierigen Bedingungen.
- Indem Sie Ihre klare Vision für die Entwicklung Ihrer Beziehungen in den Mittelpunkt stellen, positionieren Sie sich als starker Mitgestalter Ihrer Beziehungen, und nicht nur als passiver Teilnehmer.

Danksagung

Eines der erstaunlichsten Dinge am menschlichen Gehirn ist, wie es Energie, unsichtbare elektrochemische Impulse, in die Beziehungen und die Arbeit umwandelt, die unser Leben ausmachen. Dieses Buch stützt sich auf die Energie, die mir viele Menschen geschenkt haben.

Scott, vielen Dank, dass du – mitten in einer weltweiten Pandemie – mit einer kleinen Einladung auf mich zugekommen bist, die sich zu einem großen Projekt entwickelt hat. Deine Klugheit und dein Fachwissen durchziehen mit ihrem Glanz ein Projekt, das in kürzester Zeit mein Leben verändert hat. Auch dem übrigen talentierten Team von Harvard Business Review Press möchte ich ganz großen Dank aussprechen.

An meine Lieben Isaiah und Clara Rose, dieses Buch wurde, genau wie ihr, auf eigenartige und schockierende Weise geboren. Von allen Lebensbereichen, in denen ich die Führung habe, ist es bei euch am wichtigsten. An Eric, danke dir, dass du dazu beigetragen hast, dass dieser Traum von mir fliegen lernte. Deine Talente und Großzügigkeit sind ein großes Geschenk. An meine Eltern, ich bin auf ewig dankbar dafür, dass ihr mir beigebracht habt, wie wichtig es ist, Menschen etwas zu geben.

An Kate, die schon so früh daherkam, ich dachte, das Leben würde einfach andauernd Mentoren wie dich vorbeischicken. Jetzt wird mir klar, dass ich zu einer glücklichen Minderheit gehöre. Du hast mein Leben in so vieler Hinsicht verändert und ich vermisse dich. An meine Freunde und Kollegen, zu viele, um sie einzeln zu nennen, die mir auf zu vielfältige Weise geholfen haben, um sie hier aufzählen zu können, ich danke euch.

An die Menschen, denen ich in meinem Leben dienen durfte, ich danke euch. Dass ich Teil eures Lebens sein durfte, hat mein Leben für immer verändert.

Und am meisten von allen, an Gott, den höchsten Schöpfer, ich danke dir für die starke Erfahrung des Lebens und die wilde Erfahrung von Emotion.

Über die Autorin

DR. JULIA DiGANGI ist Neuropsychologin und arbeitet an der Schnittstelle zwischen Neurowissenschaft, Psychologie und dem menschlichen Geist. In ihrer akademischen Forschung widmete sich DiGangi dem Gehirn sowie den Bereichen Stress, Trauma, Ängste, Resilienz und Beziehungen. Sie hat zahlreiche wissenschaftliche Beiträge veröffentlicht und wendet ihre Forschungsergebnisse bei der Behandlung von Stress und Traumata in den Bereichen Wirtschaft, Bildung, Elternschaft, Ehe und Militär an. Ihr Wissen über Stress und Resilienz ist auch durch ihre Arbeit in der internationalen Entwicklungshilfe und humanitären Hilfe geprägt, wo sie Dienst in einigen der gefährdetsten Gemeinschaften der Welt leistete. DiGangi hat auch im Weißen Haus gearbeitet und war an mehreren US-Präsidentschaftskampagnen beteiligt. Sie ist die Gründerin von NeuroHealth Partners, einer Beratungsfirma, die Menschen auf der Grundlage der Neuropsychologie dabei hilft, ihr Leben mit mehr emotionaler Stärke zu führen. Sie arbeitet mit Führungskräften, Unternehmern, Pädagogen, Eltern und Paaren zusammen. Sie ist regelmäßig Keynote-Speaker auf Konferenzen, gibt Kurse, entwickelt Lehrpläne, leitet Workshops und veranstaltet Retreats.

Quellenverzeichnis

Einführung

1 Die Neurowissenschaft hat ein beeindruckendes Arsenal an Instrumenten wie fMRI, EEG, Tiefe Hirnstimulation (DBS) und transkranielle Magnetstimulation (TMS), die sich auf die Energie des Gehirns stützen. Die funktionelle Magnetresonanztomografie misst chemische Veränderungen im Gehirn anhand des Sauerstoff-Stoffwechsels. Siehe Richard B. Buxton, »The Physics of Functional Magnetic Resonance Imaging (fMRI),« Reports on Progress, in Physics 76, no. 9 (2013): 096601, doi: 10.1088/0034-4885/76/9/096601, Epub 2013 Sep 4, PMID: 24006360; PMCID: PMC4376284. EEG misst die elektrische Aktivität großer, synchron feuernder Populationen von Neuronen im Gehirn. Siehe Gregory A. Light et al., »Electroencephalography (EEG) and Event-Related Potentials (ERPs) with Human Participants,« Current Protocols in Neuroscience (Juli 2010), Kapitel 6: unit 6.25.1-24, doi: 10.1002/0471142301.ns0625s52, PMID: 20578033; PMCID: PMC2909037. Während einige Instrumente hauptsächlich in der Forschung eingesetzt werden, finden andere tiefgreifende Anwendung im Leben der Menschen. So führte beispielsweise die Tiefe Hirnstimulation (DBS) zu erstaunlichen Verbesserungen im Leben der Menschen durch den Einsatz eines kleinen Geräts zur Regulierung abnormer elektrischer Aktivitäten im Gehirn. Bei der Tiefen Hirnstimulation (DBS) wird über implantierte Elektroden Strom an bestimmte dysfunktionale Bereiche des Gehirns gesendet. Siehe Andres M. Lozano et al., »Deep Brain Stimulation: Current Challenges and Future Directions,« Nature Reviews Neurology 15, no. 3 (März 2019): 148–160, doi: 10.1038/s41582-018-0128-2, PMID: 30683913; PMCID: PMC6397644. Transkranielle Magnetstimulation (TMS) kann die Emotionen von Menschen verbessern, indem magnetische Energie ins Gehirn geleitet wird. Diese Form der Hirnstimulation bewirkt eine Erregung von Neuronen in bestimmten Hirnbereichen. Siehe Amit Chail, Rajiv Kumar Saini, P. S. Bhat, Kalpana Srivastava, and Vinay Chauhan, »Transcranial Magnetic Stimulation: A Review of Its Evolution and Current Applications,« Industrial Psychiatry Journal 27, no. 2 (Juli–Dezember 2018): 172–180, doi: 10.4103/ipj.ipj_88_18, PMID: 31359968; PMCID: PMC6592198. Die repetitive transkranielle Magnetstimulation (rTMS) des linken dorsolateralen präfrontalen Kortex (DLPFC) ist eine nichtinvasive Hirnstimulationstechnik, die von der FDA für die Behandlung von behandlungsresistenten Depressionen zugelassen ist. Mehr dazu siehe Mark S. George, Joseph J. Taylor, and E. Baron Short, »The Expanding Evidence Base for rTMS Treatment of Depression,« Current Opinion in Psychiatry 26, no. 1 (Januar 2013): 13–18, doi: 10.1097/YCO.0b013e32835ab46d, PMID: 23154644; PMCID: PMC4214363.

2 Mehr dazu siehe Charles C. H. Cohen et al., »Saltatory Conduction along Myelinated Axons Involves a Periaxonal Nanocircuit,« Cell 180, no. 2 (Januar 2020): 311–322e15, doi: 10.1016/j.cell.2019.11.039, Epub 2019 Dec 26, PMID: 31883793; PMCID: PMC6978798; und J. B. Hursh, »Conduction Velocity and Diameter of Nerve Fibers,« American Journal of Physiology, 127, no. 1 (Juli 1939): 131–139. National Institutes of Health (US) Biological Sciences Curriculum Study, »Information about the Brain,« NIH Curriculum Supplement Series [Internet] (Bethesda, MD: National Institutes of Health [US], 2007), https://www.ncbi.nlm.nih.gov/books/NBK20367/.

3 Mehr dazu siehe Masaaki Tanaka, Sanae Fukuda, Kei Mizuno, Hirohiko Kuratsune, and Yasuyoshi Watanabe, »Stress and Coping Styles Are Associated with Severe Fatigue in Medical Students,« Behavioral Medicine 35, no. 3 (Herbst 2009): 87–92, doi: 10.1080/089642 80903231979, PMID: 19812026. Siehe auch: American Psychiatric Association, Diagnostic and Statistical Manual of Mental Disorders, 5th ed. (2013), https://doi.org/10.1176/appi.books.9780890425596; D. H. Barlow, Anxiety and Its Disorders: The Nature and Treatment of Anxiety and Panic, 2nd ed. (New York: Guilford Press, 2002); and World Health Organization, International Statistical Classification of Diseases and Related Health Problems, 11th ed. (Geneva: World Health Organization, 2019), https://icd.who.int/.

4 Für eine umfassende Beschreibung meiner Arbeit, siehe www .drjuliadigangi.com.

5 Mehr dazu siehe Elaine Hatfield, John T. Cacioppo, and Richard Rapson, »Emotional Contagion,« in Studies in Emotion and Social Interaction (Cambridge: Cambridge University Press, 1993), 10.1017/CBO9781139174138; Carolina Herrando and Efthymios Constantinides, »Emotional Contagion: A Brief Overview and Future Directions,« Frontiers in Psychology 12 (Juli 2021): 712606, doi: 10.3389/fpsyg.2021.712606, PMID: 34335425; PMCID: PMC8322226; Lauri Nummenmaa, Jussi Hirvonen, Riitta Parkkola, and Jari K. Hietanen, »Is Emotional Contagion Special? An fMRI Study on Neural Systems for Affective and Cognitive Empathy,« Neuroimage 43, no. 3 (November 2008): 571–580, doi: 10.1016/j.neuroimage.2008.08.014, Epub 2008 Aug 26, PMID: 18790065.

Lernen Sie Ihre emotionale Energie kennen

6 Wenn Sie sich für einen noch tieferen Einblick in die Feinheiten der Emotionsforschung interessieren, dann sollten Sie Folgendes bedenken: Konvergierende Erkenntnisse aus Studien an Menschen und Tieren geben zuverlässig Aufschluss über bestimmte Schaltkreise im Gehirn, die letztlich zu Erfahrungen mit emotionalem Schmerz führen. In Laborversuchen kann die Unterscheidung zwischen Konstrukten wie Stress, Furcht und Angst zwar gelegentlich sinnvoll sein, aber selbst dann aktiviert jedes dieser Konstrukte den frontolimbischen Schaltkreis. All dies bedeutet, dass die Teile Ihres Gehirns, die die schlechten Gefühle hervorrufen – die Gefühle, die ich als »emotionalen Schmerz« bezeichne –, konsequent aus der Aktivierung dieser zentralen »emotionalen Schmerzverarbeitungsautobahn« entstehen. Bedenken Sie auch, dass diese Teile des Gehirns in vielen Situationen Ihres Lebens aktiviert werden, da sie ein breites Spektrum negativer Emotionen unterstützen. Sie werden zum Beispiel aktiviert, wenn Sie vor einem Löwen weglaufen und wenn Sie Ihre eigenen Grenzen nicht respektieren. Wenn in diesen Beispielen der Löwe auf Sie zuspringt, empfinden Sie Angst, die Sie zur Flucht veranlasst. Wenn Sie eine Grenze nicht einhalten, die Sie eigentlich einhalten wollen, halten Sie Ihre Grenze vielleicht nicht ein, weil Sie eine Bedrohung wahrnehmen (z. B. dass jemand wütend auf Sie wird), die Sie dann etwas wie Unruhe, Stress oder Angst spüren lässt. Im Fall des Löwen hat Ihre Flucht jedoch das gewünschte Ergebnis gebracht (d. h. Sie sind dem Löwen entkommen und die Situation ist beendet). Wenn Sie jedoch routinemäßig die Entscheidungen, die Sie treffen wollen, nicht einhalten, verursachen Sie letztendlich mehr Schmerz für sich selbst. Mit anderen Worten, wenn Sie sich von der Wahrheit Ihres eigenen Wollens trennen, empfinden Sie mehr Schmerz: mehr Ärger über sich selbst, mehr Frustration über andere, mehr Angst, dass Sie in Ihren Beziehungen nicht sicher sind, mehr Wut darüber, dass Ihnen das immer wieder passiert, und so weiter. Zum Schluss ist es wichtig, darauf hinzuweisen, dass diese Gehirnregionen so wichtig für Ihr Überleben sind, dass sie auch dann aktiviert werden, wenn Sie sich des hier beschriebenen Prozesses nicht bewusst sind. Mehr dazu siehe Dan W. Grupe and Jack B. Nitschke, »Uncertainty and Anticipation in Anxiety: An Integrated Neurobiological and Psychological Perspective,« Nature Reviews Neuroscience 14, no. 7 (Juli 2013): 488–501, doi: 10.1038/nrn3524, PMID: 23783199; PMCID: PMC4276319;

Cyril Herry, et al., »Processing of Temporal Unpredictability in Human and Animal Amygdala,« Journal of Neuroscience 27, no. 22 (Mai 2007): 5958–5966, https://www.jneurosci.org/content/27/22/5958; Lisa M. Shin and Israel Liberzon, »The Neurocircuitry of Fear, Stress, and Anxiety Disorders,« Neuropsychopharmacology 35, no. 1 (Januar 2010): 169–191, doi: 10.1038/npp.2009.83; Dean Mobbs, et al., »On the Nature of Fear: Experts from the Fields of Human and Animal Affective Neuroscience Discuss Their Own Definitions of Fear and How We Should Study It,« Nature Neuroscience, 10. Oktober 2019, https://www.scientificamerican.com/article/on-the-nature-of-fear/

7 Mehr darüber siehe Chai M. Tyng, Hafeez U. Amin, Mohamad M. N. Saad, and Aamir S. Malik, »The Influences of Emotion on Learning and Memory,« Frontiers in Psychology 8 (August 2017): 1454, doi: 10.3389/fpsyg.2017.01454, PMID: 28883804; PMCID: PMC5573739; C. Daniel Salzman and Stefano Fusi, »Emotion, Cognition, and Mental State Representation in Amygdala and Prefrontal Cortex,« Annual Review of Neuroscience 33 (2010): 173–202, doi: 10.1146/annurev.neuro.051508.135256, PMID: 20331363; PMCID: PMC3108339. Siehe auch die Arbeit von Duncan und Barrett, in der sie nahelegen, dass Emotionen nicht vom Denken getrennt sind, sondern selbst eine Form der Kognition sind. Sie zeigen, dass die affektiven (d. h. emotionalen) Bereiche des Gehirns sich mit den traditionell als »kognitiv« angesehenen Bereichen des Gehirns überschneiden. Geht man davon aus, dass affektive Schaltkreise die sensorische Verarbeitung modulieren, ist affektive Verarbeitung ein integraler Bestandteil der sensorischen Erfahrung und keine separate kognitive Funktion, die nachträglich auf Empfindungen aufgesetzt wird. Sie schreiben: »Infolgedessen ist der Affekt eine inhärente Eigenschaft aller psychologischen Phänomene, die auf sogenannten ›kognitiven‹ Prozessen (wie z. B. Bewusstsein, Sprache und Gedächtnis) beruhen. Affekt und Kognition sind also nicht ontologisch getrennt, aber sie sind vielleicht phänomenologisch zu unterscheiden. Dies ist jedoch eine Unterscheidung, die erlebt wird, und keine Unterscheidung, die in der Struktur des Gehirns oder den psychologischen Prozessen besteht, die diese Erfahrung hervorbringen.« Mehr darüber siehe Seth Duncan and Lisa Feldman Barrett, »Affect Is a Form of Cognition: A Neurobiological Analysis,« Cognition and Emotion 21, no. 6 (September 2007): 1184–1211, doi: 10.1080/02699930701437931, PMID: 18509504; PMCID: PMC2396787. Darüber hinaus werden neuropsychologische Funktionen, die in der Vergangenheit als kognitiv betrachtet wurden, wie etwa das Gedächtnis, heute als untrennbar mit affektiven Prozessen im Gehirn verstanden. Zum Beispiel das Gedächtnis. Man erinnert sich nicht *objektiv*; man erinnert sich *emotional*. Das Gehirn kodiert bevorzugt *sowohl* positive *als auch* negative emotionale Ereignisse vor nicht-emotionalen Ereignissen. Roger Brown and James Kulik, »Flashbulb Memories,« Cognition 5, no. 1 (1977): 73–99, https://doi.org/10.1016/0010-0277(77)90018-X. Neuere Fortschritte in der Neurowissenschaften haben gezeigt, dass der Grund für diese Bevorzugung des emotionalen Gedächtnisses darin liegt, wie die Amygdala reagiert und anschließend mit anderen Strukturen im Frontal- und Temporallappen kommuniziert, wie dem präfrontalen Kortex und dem Hippocampus. Siehe Mark P. Richardson, Bryan A. Strange, and Raymond J. Dolan, »Encoding of Emotional Memories Depends on Amygdala and Hippocampus and Their Interactions,« Nature Neuroscience 7 (2004): 278–285, https://doi.org/10.1038/nn1190; Salzman and Fusi, »Emotion, Cognition, and Mental State Representation.« McGaughs Hypothese der Gedächtnismodulation besagt, dass die Amygdala das Gedächtnis für emotional erregende Ereignisse verbessert, indem sie Adrenalin- und Cortisol-Stresshormonsysteme rekrutiert, die dann zusammenwirken, um die Gedächtnisspeicherung im Kortex zu fördern. Siehe James L. McGaugh, »The Amygdala Modulates the Consolidation of Memories of Emotionally Arousing Experiences,« Annual Review of Neuroscience 27 (2004): 1–28, https://pubmed.ncbi.nlm.nih.gov/15217324/. Überzeugende Beweise aus Humanstudien stützen diese Hypothese. Siehe Kevin S. LaBar and Roberto Cabeza, »Cognitive Neuroscience of Emotional Memory,« Nature Reviews Neuroscience 7 (2006): 54–64, https://doi.org/10.1038/nrn1825. Beachten Sie auch: Obwohl die Amygdala gemeinhin mit Angst in Verbindung gebracht wird, weiß

man heute, dass sie eine breiter angelegte Rolle bei Lernprozessen spielt. Mehr dazu siehe M. Baxter and E. A. Murray, »The Amygdala and Reward,« Nature Reviews Neuroscience 3 (2002): 563–573; David Sander, Jordan Grafman, and Tiziana Zalla, »The Human Amygdala: An Evolved System for Relevance Detection,« Reviews in the Neurosciences 14, no. 4 (2003): 303–316, doi: 10.1515/revneuro.2003.14.4.303, PMID: 14640318.

8 Lisa Feldman Barrett, Batja Mesquita, Kevin N. Ochsner, and James J. Gross, »The Experience of Emotion,« Annual Review of Psychology 58 (2007): 373–403, doi: 10.1146/annurev.psych.58.110405.085709, PMID: 17002554; PMCID: PMC1934613.

9 Posttraumatisches Wachstum ist ein beeindruckendes Beispiel dafür, wie die Arbeit mit negativer emotionaler Energie nach extremen negativen Erlebnissen zu größerer emotionaler Kraft (z. B. Resilienz, Vertrauen) führen kann. Posttraumatisches Wachstum ist die dauerhafte positive psychologische Veränderung, die als Folge von extrem negativen Erlebnissen oder Traumata auftritt. Mehr dazu siehe Richard G. Tedeschi and Lawrence G. Calhoun, »Posttraumatic Growth: Conceptual Foundations and Empirical Evidence,« Psychological Inquiry 15, no. 1 (2004): 1–18, doi: 10.1207/s15327965pli1501_01; Xiaoli Wu et al., »The Prevalence of Moderate-to-High Posttraumatic Growth: A Systematic Review and Meta-Analysis,« Journal of Affective Disorders 243 (Januar 2019): 408–415, doi: 10.1016/j.jad.2018.09.023, Epub 2018 Sep 12, PMID: 30268956. Ein Großteil meiner eigenen Arbeit in den kognitiven und affektiven Neurowissenschaften stützt sich auf die kognitive Aufarbeitung, ein neurologisch gut untersuchtes Phänomen, das veranschaulicht, wie das Gehirn emotionale Erfahrungen umwandelt. Umfangreiche neuropsychologische und verhaltenswissenschaftliche Erkenntnisse zeigen, dass kein Ereignis eine feste emotionale Bedeutung hat. Menschen können auf identische Stimuli sehr unterschiedliche emotionale Reaktionen zeigen. Im Großen und Ganzen umfassen die neuronalen Korrelate des Reappraisal eine erhöhte Aktivierung in den lateralen und medialen präfrontalen Regionen sowie eine verringerte Aktivierung der Amygdala und des medialen orbitofrontalen Kortex. Mehr dazu siehe K. N. Ochsner, S. A. Bunge, J. J. Gross, and J. D. Gabrieli, »Rethinking Feelings: An FMRI Study of the Cognitive Regulation of Emotion,« Journal of Cognitive Neuroscience 8, no. 14 (November 2002): 1215–1229, doi: 10.1162/089892902760807212, PMID: 12495527.

10 Kortikale Mittellinienstrukturen (CMS), zu denen der posteriore Gyrus cingulus, der Precuneus, der anterioren Gyrus cingulus und verschiedene präfrontale Areale gehören, sind vermutlich für die selbstreferentielle Verarbeitung verantwortlich. Die Ergebnisse einer Meta-Analyse von Northoff et al. zeigen, dass selbstreferentielle Verarbeitung durch kortikale Mittellinienstrukturen vermittelt wird. Siehe Georg Northoff et al., »Self-Referential Processing in Our Brain—A Meta-Analysis of Imaging Studies on the Self,« NeuroImage 31, no. 1 (2006): 440–457.

Code 1: Erweitern Sie Ihre emotionale Stärke

11 Die Expositionstherapie ist eine evidenzbasierte Behandlung, die darauf basiert, dass Menschen sich Situationen in ihrem Leben stellen, um Gefühle auszulösen, die sie bisher vermieden haben (z. B. Furcht, Angst, Stress). Die Forschung zeigt, dass die Expositionstherapie eine hilfreiche Behandlung ist – oft die am meisten evidenzbasierte Behandlung für eine Reihe von Problemen wie Zwangsstörungen, PTBS, allgemeine Angstzustände, Phobien, soziale Ängste oder Panik. Siehe zum Beispiel Cloe Ferrando and Caroline Selai, »A Systematic Review and Meta-Analysis on the Effectiveness of Exposure and Response Prevention Therapy in the Treatment of Obsessive-Compulsive Disorder,« Journal of Obsessive-Compulsive and Related Disorders 31 (2021): 100684, 10.1016/j.jocrd.2021.100684. Mehr dazu siehe Carmen P. McLean, Hannah C. Levy, Madeleine L. Miller, and David F. Tolin, »Exposure Therapy for PTSD: A Meta-Analysis,« Clinical Psychology Review 91, no. 3

(Dezember 2021): 102115, doi: 10.1016/j.cpr.2021.102115, Epub 2021 Dec 21, PMID: 34954460; Laura E. Watkins, Kelsey R. Sprang, and Barbara O. Rothbaum, »Treating PTSD: A Review of Evidence-Based Psychotherapy Interventions,« Frontiers in Behavioral Neuroscience 12 (2018): 258, doi: 10.3389/fnbeh.2018.00258, PMID: 30450043; PMCID: PMC6224348.

12 Siehe zum Beispiel B. S. McEwen and R. M. Sapolsky, »Stress and Cognitive Function,« Current Opinion in Neurobiology 5, no. 2 (April 1995): 205–216, doi: 10.1016/0959-4388(95)80028-x, PMID: 7620309; Christoph Radenbach et al., »The Interaction of Acute and Chronic Stress Impairs Model-Based Behavioral Control,« Psychoneuroendocrinology 53 (März 2015): 268–280, doi: 10.1016/j.psyneuen.2014.12.017, Epub 2015 Jan 7, PMID: 25662093; Tom C. Russ et al., »Association between Psychological Distress and Mortality: Individual Participant Pooled Analysis of 10 Prospective Cohort Studies,« BMJ 345 (2012): e4933, doi:10.1136/bmj.e4933; and Holly H. Schiffrin and S. Katherine Nelson, »Stressed and Happy? Investigating the Relationship between Happiness and Perceived Stress,« Journal of Happiness Studies 11 (2010): 33–39, https://doi.org/10.1007/s10902-008-9104-7.

13 Mehr darüber siehe Angela D. Friederici, »The Brain Basis of Language Processing: From Structure to Function,« Physiological Reviews 91, no. 4 (2011): 1357–1392, doi: 10.1152/physrev.00006.2011, PMID: 22013214; A. R. Hariri, S. Y. Bookheimer, and J. C. Mazziotta, »Modulating Emotional Responses: Effects of a Neocortical Network on the Limbic System,« Neuroreport 11, no. 1 (Januar 2000): 43–48, doi: 10.1097/00001756-200001170-00009, PMID: 10683827; Matthew D. Lieberman et al., »Putting Feelings into Words: Affect Labeling Disrupts Amygdala Activity in Response to Affective Stimuli,« Psychological Science 18, no. 5 (Mai 2007): 421–428, doi: 10.1111/j.1467-9280.2007.01916.x, PMID: 17576282. Man sollte auch beachten, dass Sprache ein komplexes Phänomen ist, an dem sowohl kortikale als auch subkortikale Regionen des Gehirns beteiligt sind. Allerdings wird Sprache – insbesondere Verstehen und Produktion – im Allgemeinen als eine kortikale Funktion angesehen.

14 Mehr darüber siehe Jessica L. Maples-Keller and Sheila A. M. Rauch, »Habituation,« in J. S. Abramowitz and S. M. Blakey, eds., Clinical Handbook of Fear and Anxiety: Maintenance Processes and Treatment Mechanisms, 249–263 (Washington, DC: American Psychological Association, 2020), https://doi.org/10.1037/0000150-014.

Code 2: Schaffen Sie sich Ihr Power-Muster

15 Die Fähigkeiten des Gehirns zur Mustererkennung – oder zur prädiktiven Verarbeitung – sind seit Langem von Psychologen und Neurowissenschaftlern anerkannt. Die Vorteile der Vorhersage wurden in verschiedensten Bereichen festgestellt, wie Motorik, Wahrnehmung, Verhalten, Beziehungen und mehr. Die Fähigkeiten des Gehirns zur überlegenen Musterverarbeitung (SPP) wurden als grundlegend für die Einzigartigkeit des menschlichen Gehirns angesehen, was uns die Theorie für Denken, Sprache, Humor, Kreativität, Erfindungen, Schlussfolgerungen und vieles mehr ermöglicht. Die Fähigkeit des Gehirns zur Musterverarbeitung beruht auf umfassenden neuronalen Netzwerken. Mehr über die Fähigkeiten des Gehirns zur Mustererkennung siehe Mark P. Mattson, »Superior Pattern Processing Is the Essence of the Evolved Human Brain,« Frontiers in Neuroscience 8 (August 2014): 265, doi: 10.3389/fnins.2014.00265, PMID: 25202234; PMCID: PMC4141622.

16 Andreja Bubic, D. Yves von Cramon, and Ricarda I. Schubotz, »Prediction, Cognition and the Brain,« Frontiers in Human Neuroscience 4 (März 2010): 25, doi: 10.3389/fnhum.2010.00025, PMID: 20631856; PMCID: PMC2904053.

17 Siehe zum Beispiel Julia A. DiGangi et al., »Differential Impact of Post-Deployment Stress and PTSD on Neural Reactivity to Emotional Stimuli in Iraq and Afghanistan Veterans,« Journal of Psychiatric Research 96 (Januar 2018): 9–14, https://dolcoslab.beckman.illinois.edu/sites/default/files/DiGangi_etal_2017InPress_JPsychatrResearch_Post-deploymentStress -PTSD-ERP.pdf; und Julia A. DiGangi_et al., »An Electrocortical Investigation of Emotional Face Processing in Military-Related Posttraumatic Stress Disorder,« Journal of Psychiatric Research 92 (September 2017): 132–138, doi: 10.1016/j.jpsychires.2017.03.013.

18 Siehe zum Beispiel Rebecca E. Cooney, Lauren Y. Atlas, Jutta Joormann, Fanny Eugène, and Ian H. Gotlib, »Amygdala Activation in the Processing of Neutral Faces in Social Anxiety Disorder: Is Neutral Really Neutral?,« Psychiatry Research: Neuroimaging 148, no. 1 (November 2006): 55–59, doi: 10.1016/j.pscychresns.2006.05.003, Epub 9. Oktober 2006, PMID: 17030117.

19 Lisa Feldman Barrett, »You Aren't at the Mercy of Your Emotions—Your Brain Creates Them,« TED talk, YouTube, Januar 2018, https://www.technologynetworks.com/neuroscience/videos/you-arent-at-the-mercy-of-your-emotions-your-brain-creates-them-298661.

20 Mehr darüber siehe Julia A. DiGangi et al., »Pretrauma Risk Factors for Posttraumatic Stress Disorder: A Systematic Review of the Literature,« Clinical Psychology Review 33, no. 6 (August 2013): 728–744, doi: 10.1016/j.cpr.2013.05.002, Epub 14. März 2013, PMID: 23792469.

21 Mehr dazu siehe Eberhard Fuchs and Gabriele Flügge, »Adult Neuroplasticity: More Than 40 Years of Research,« Neural Plasticity (2014): 541870, doi: 10.1155/2014/541870, Epub 4. Mai 2014, PMID: 24883212; PMCID: PMC402697.

22 Vergleiche Harold Evans, »Einstein's 2,998 Mistakes,« Los Angeles Times, 1. November 2004, https://www.latimes.com/archives/la-xpm-2004-nov-01-oe-evans1-story.html.

Code 3: Machen Sie sich Ihre emotionale Energie zunutze

23 Trauer kann ein so schmerzhaftes Gefühl sein, dass sie eine eigene Erwähnung verdient. Die Energie der Trauer mag auf den ersten Blick ganz anders erscheinen als die Energie der Demütigung. Aber Trauer – zusammen mit anderen verwandten und zutiefst schmerzhaften Gefühlen wie Einsamkeit oder Verlassenheit – ist immer noch untrennbar mit unserem Gefühl von Wertigkeit und Ganzheit verbunden. Die Erfahrung von Trauer erzeugt ein tiefes Gefühl des Alleinseins. Es ist das Gefühl, dass etwas untrennbar Wesentliches für unsere persönliche Ganzheit (z. B. ein Ehepartner, eine Identität) genommen worden ist. Selbst wenn wir wissen, dass es nicht rational ist, können wir das Gefühl haben, verlassen worden zu sein, und in dieser Erfahrung fühlen wir uns zutiefst einsam. Nachdem ihnen etwas so Lebenswichtiges entzogen wurde, beginnen viele Menschen natürlich, den Wert ihres eigenen Lebens infrage zu stellen, was zu schmerzhaften existenziellen Fragen führen kann, wie zum Beispiel »Wozu ist mein Leben jetzt noch gut?« oder »Bin ich für Gott so unwichtig, dass er mir das, was mir am wichtigsten war, genommen hat?« Genau wie bei der Energie der Demütigung ist es auch, wenn man mit der Energie der Trauer arbeitet, wichtig, Kernfragen der emotionalen Kraft anzusprechen – wie den Gedanken, dass Wert *bedingungslos* ist. Emotionale Kraft ist die Vorstellung, dass wir selbst in den schwierigsten Situationen noch Wert und Stärke besitzen. Der Psychiater und Trauerexperte Colin Murray Parkes schreibt, das Wichtigste, was Fachleute im Gesundheitswesen »[den Trauernden] anbieten können, ist unser Vertrauen in ihren persönlichen Wert und ihre Stärke«. Mehr darüber siehe Colin Murray Parkes, »Bereavement in Adult Life,« BMJ 316 (März 1998): 856–859, doi: 10.1136 /bmj.316.7134.856, PMID: 9549464; PMCID: PMC1112778.

24 Mehr dazu siehe Paul Fairlie, »Meaningful Work, Employee Engagement, and Other Key Employee Outcomes: Implications for Human Resource Development,« Advances in Developing Human Resources 13, no. 4 (2011): 508–525, https://doi.org/10.1177/1523422311431679.

25 Sarah F. Brosnan, »Nonhuman Species' Reactions to Inequity and Their Implications for Fairness,« Social Justice Research 19, no. 2 (2006): 153–185, https://psycnet.apa.org/record/2006-11512-001.

Code 4: Unsicherheit meistern

26 Mehr dazu siehe Archy O. de Berker et al., »Computations of Uncertainty Mediate Acute Stress Responses in Humans,« Nature Communications 7 (März 2016): 10996, https://doi.org/10.1038/ncomms10996.

27 Mehr dazu siehe R. Nicholas Carleton et al., »Increasingly Certain about Uncertainty: Intolerance of Uncertainty across Anxiety and Depression,« Journal of Anxiety Disorders 26, no. 3 (April 2012): 468–479, doi: 10.1016/j.janxdis.2012.01.011, Epub Feb 7, 2012, PMID: 22366534; Dan W. Grupe and Jack B. Nitschke, »Uncertainty and Anticipation in Anxiety: An Integrated Neurobiological and Psychological Perspective,« Nature Reviews Neuroscience 14, no. 7 (Juli 2013): 488–501, doi: 10.1038/nrn3524, PMID: 23783199; PMCID:PMC4276319.

28 Während man früher davon ausging, dass es sich bei der PTBS um eine angstbasierte Störung handelt, nimmt man heute an, dass es sich um weitreichende Störungen sowohl der kognitiven als auch der affektiven Prozesse handelt. So geht man heute davon aus, dass die PTBS mit Lern- und Gedächtnisstörungen einhergeht, die sich auf die Verarbeitung von Kontexten auswirken (also, was ist ein sicherer Kontext und was ist ein gefährlicher Kontext). Man geht davon aus, dass übertriebene Angst und anhaltender Stress nicht ausschließlich auf das Trauma selbst zurückzuführen sind, sondern auf ein allgemeines Unvermögen der emotionalen Reaktionen, in Abwesenheit einer Bedrohung zu erlöschen. Die Forschung zeigt, dass Menschen mit PTBS geringere Aktivierungen in Hirnregionen aufweisen, die die Verarbeitung von Sicherheitssignalen fördern, wie z. B. des ventromedialen präfrontalen Kortex (vmPFC) und des Hippocampus. Mehr dazu siehe Mohammed R. Milad, Roger K. Pitman, Cameron B. Ellis, Andrea L. Gold, Lisa M. Shin, Natasha B. Lasko, Mohamed A. Zeidan, Kathryn Handwerger, Scott P. Orr, and Scott L. Rauch, »Neurobiological Basis of Failure to Recall Extinction Memory in Posttraumatic Stress Disorder,« Biological Psychiatry 66, no. 12 (Dezember 2009): 1075–1082, doi: 10.1016/j .biopsych.2009.06.026, Epub 12. Sept. 2009, PMID: 19748076; PMCID: PMC2787650

29 Mehr dazu siehe Hugo D. Critchley, Christopher J. Mathias, and Raymond J. Dolan, »Neural Activity in the Human Brain Relating to Uncertainty and Arousal during Anticipation,« Neuron 29, no. 2 (Februar 2001): 537–545, 10.1016/S0896-6273(01)00225-2.

Code 5: Wie Sie Ihren Quellcode neu verdrahten

30 Thomas R. Insel and Larry J. Young, »The Neurobiology of Attachment,« Nature Reviews Neuroscience 2, no. 2 (Februar 2001): 129–136, doi: 10.1038/35053579, PMID:11252992. Mehr dazu siehe J. Bowlby, Attachment and Loss, Vol. 1 (New York: Basic Books, 1969); Mary D. Salter Ainsworth, Mary C. Bleha, Everett Waters, and Sally N. Wall, Patterns of Attachment (Hillsdale, NJ: Erlbaum, 1978); K. Lorenz, »Der Kumpan in der Umwelt des Vogels,« Journal für Ornithologie 83: 289–413; L. A. Sroufe, E. A. Carlson, A. K. Levy et al., »Implications of Attachment Theory for Developmental Psychopathology,« Development and Psychopathology 11 (1999): 1–13; and M. Noriuchi, Y. Kikuchi, and A. Senoo, »The Functional Neuroanatomy of Maternal Love: Mother's Response to Infant's Attachment Behaviors,« Biological Psychiatry 63 (2008): 415–423.

31 Siehe »InBrief: The Science of Early Childhood Development,« Center on the Developing Child, Harvard, www.developingchild.harvard.edu; und Lise Eliot, What's Going On in There? (New York: Bantam, 2010). Weitere Informationen über die tiefgreifende Entwicklung des Gehirns in der Kindheit finden Sie unter Joan Stiles and Terry L. Jernigan, »The Basics of Brain Development,« Neuropsychology Review 20, no. 4 (Dezember 2010): 327–348, doi: 10.1007/s11065-010-9148-4, Epub 2010 Nov 3, PMID: 21042938; PMCID: PMC2989000.

32 Marcus Quirin, Omri Gillath, Jens C. Pruessner, and Lucas D. Eggert, »Adult Attachment Insecurity and Hippocampal Cell Density,« Social Cognitive and Affective Neuroscience 5, no. 1 (März 2010): 39–47, doi: 10.1093/scan/nsp042, Epub 2009 Dec 9, PMID: 20007241; PMCID: PMC2840841; Robin A. Barry, Grazyna Kochanska, and Robert A. Philibert, »G x E Interaction in the Organization of Attachment: Mothers' Responsiveness as a Moderator of Children's Genotypes,« Journal of Child Psychology and Psychiatry 49, no. 12 (Dezember 2008): 1313–1320, doi: 10.1111/j.1469-7610.2008.01935.x, PMID: 19120710; PMCID: PMC2688730.

33 Mehr dazu siehe Morris Moscovitch et al., »Functional Neuroanatomy of Remote Episodic, Semantic and Spatial Memory: A Unified Account Based on Multiple Trace Theory,« Journal of Anatomy 207, no. 1 (Juli 2005): 35–66, doi: 10.1111 /j.1469-7580.2005.00421.x, PMID: 16011544; PMCID: PMC1571502.

34 Larry R. Squire and Adam J. O. Dede, »Conscious and Unconscious Memory Systems,« Cold Spring Harbor Perspectives in Biology 7, no. 3 (März 2015): a021667. doi:10.1101/cshperspect.a021667, PMID: 25731765; PMCID: PMC4355270.

35 Patricia J. Bauer, Remembering the Times of Our Lives (Mahwah, NJ: Lawrence Erlbaum Associates, 2007); and Patricia J. Bauer, »The Development of Forgetting: Childhood Amnesia« in Patricia J. Bauer and Robyn Fivush, eds., The Wiley-Blackwell Handbook on the Development of Children's Memory, vol. 2 (West Sussex, UK: Wiley-Blackwell, 2014). Es gibt viele Komponenten, die das beschreiben, was Forscher als »kindliche Amnesie« bezeichnen. Im Großen und Ganzen geht man davon aus, dass Kinder in der Lage sind, autobiografische Erinnerungen abzurufen, sobald sie ein autonoetisches Bewusstsein entwickeln, d. h. das Bewusstsein, dass sie sich als Wesen durch die Zeit bewegen. Sobald Kinder diese Fähigkeit entwickeln, in der Regel um das siebte Lebensjahr herum, nimmt das autobiografische Erinnern dramatisch zu.

36 Micha Popper, Ofra Mayseless, and Omri Castelnovo, »Transformational Leadership and Attachment,« The Leadership Quarterly 11, no. 2 (Juni 2000): 267–289, https://doi.org/10.1016/S1048-9843(00)00038-2; Han Ik Yoo, Boong-Nyun Kim, Min Sup Shin, Soo Churl Cho, and Kang-E Hong, »Parental Attachment and Its Impact on the Development of Psychiatric Manifestations in School-Aged Children,« Psychopathology 39, no. 4 (2006): 165–174; Joan S. Tucker and Sherry L. Anders, »Attachment Style, Interpersonal Perception Accuracy, and Relationship Satisfaction in Dating Couples,« Personality and Social Psychology Bulletin 25, no. 4 (1999): 403–412.

37 Karin Roelofs, »Freeze for Action: Neurobiological Mechanisms in Animal and Human Freezing,« Philosophical Transactions of the Royal Society B 372, no. 1718 (April 2017): 20160206, doi: 10.1098/rstb.2016.0206, PMID: 28242739; PMCID: PMC5332864.

38 Michael S. Fanselow, »Neural Organization of the Defensive Behavior System Responsible for Fear,« Psychonomic Bulletin and Review 1, no. 4 (Dezember 1994): 429–438, doi: 10.3758/BF03210947, PMID: 24203551.

39 Chris Cantor and John Price, »Traumatic Entrapment, Appeasement and Complex Post-Traumatic Stress Disorder: Evolutionary Perspectives of Hostage Reactions, Domestic Abuse and the Stockholm Syndrome,« Australian and New Zealand Journal of Psychiatry 41, no. 5 (Mai 2007): 377–384, doi: 10.1080/00048670701261178, PMID: 17464728.

Verbundenheit mit anderen Menschen aufbauen

40 Thomas R. Insel and Larry J. Young, »The Neurobiology of Attachment,« Nature Reviews Neuroscience 2, no. 2 (Februar 2001): 129–136, doi: 10.1038/35053579, PMID: 11252992.

41 Die Interpersonelle Neurobiologie ist formal definiert als die menschliche Entwicklung, die sich in einer sozialen Welt vollzieht und mit den Funktionen des Gehirns, die den Geist hervorbringen, in Verbindung steht. Mehr dazu siehe Daniel J. Siegel, »Toward an Interpersonal Neurobiology of the Developing Mind: Attachment Relationships, ›Mindsight,‹ and Neural Integration,« Infant Mental Health Journal 22, no. 1–2 (2001): 67–94, https://doi.org/10.1002/1097-0355(200101/04)22:1<67::AID -IMHJ3>3 .0.CO;2 -G.

Code 7: Lassen Sie Ihren Magnetismus wirken

42 Ron Friedman, »5 Things High-Performing Teams Do Differently,« hbr .org, 21. Oktober 2021, https://hbr.org/2021/10/5-things-high-performing-teams-do-differently.

Code 8: Richten Sie Ihre Beziehungen auf die Zukunft aus

43 »Michael Jordan Didn't Make Varsity—at First,« Newsweek,17. Oktober 2015, https://www.newsweek.com/missing-cut-382954.

44 Einen umfassenden Überblick über Bildtheorie, Forschung und Interventionen zur Visualisierung finden Sie unter Daniel Gould, Nicole Damarjian, and Christy Greenleaf, »Imagery Training for Peak Performance,« in J. L. Van Raalte and B. W. Brewer, eds., Exploring Sport and Exercise Psychology, 49–74 (Washington, DC: American Psychological Association, 2002). Siehe auch Eugenio A. Peluso, Michael J. Ross, Jeffrey D. Gfeller, and Donna J. Lavoie, »A Comparison of Mental Strategies during Athletic Skills Performance,« Journal of Sports Science and Medicine 4, no. 4 (Dezember 2005): 543–549, PMID: 24501566; PMCID: PMC3899670.

45 Edna B. Foa, Elizabeth Hembree, and Barbara Rothbaum, Prolonged Exposure Therapy for PTSD: Emotional Processing of Traumatic Experiences (New York: Oxford University Press, 2007). Bei der Visualisierung, die im Rahmen der traumafokussierten Therapie als »imaginäre Exposition« bezeichnet wird, werden den Patienten traumatische Erinnerungen, Gedanken und Gefühle, die sie bisher vermieden haben, intensiv vor Augen geführt. Diese Art der Exposition aktiviert in Verbindung mit der In-vivo-Exposition die Angstnetzwerke in einer Weise, die eine Reorganisation des Gedächtnisses und die Aufnahme neuer, heilender Informationen ermöglicht. Behandlungen, die Visualisierung einbeziehen, gelten als Goldstandard für die Behandlung von traumabedingten Störungen wie PTBS.

46 D. T. Gilbert, E. C. Pinel, T. D. Wilson, S. J. Blumberg, and T. P. Wheatley, »Immune Neglect: A Source of Durability Bias in Affective Forecasting,« Journal of Personality and Social Psychology 75, no. 3 (1998): 617–638.

47 Debra Umberson and Jennifer Karas Montez, »Social Relationships and Health: A Flashpoint for Health Policy,« Journal of Health and Social Behavior 51, no. 1 suppl (2010): S54–S66, doi: 10.1177/0022146510383501, PMID: 20943583; PMCID: PMC3150158.

48 Im Grunde genommen sind Erinnerungen die Fähigkeit des Gehirns, den Kontext, in dem ein Organismus einen bestimmten Reiz erlebt, zu speichern. Es ist diese neuronale Fähigkeit zur elektrochemischen Speicherung vergangener Daten, die es uns ermöglicht, Erfahrungen zu verknüpfen und unserem Leben einen Sinn zu geben. Eduardo Camina and Francisco Güell, »The Neuroanatomical, Neurophysiological and Psychological Basis of Memory: Current Models and Their Origins,« Frontiers in Pharmacology 30 (Juni 2017): 438, doi: 10.3389/fphar.2017.00438, PMID: 28713278; PMCID: PMC5491610.

49 Die Forschung zeigt, dass emotionale Ereignisse in den Gedächtnissystemen des Gehirns anders privilegiert werden als nicht-emotionale Ereignisse. Siehe zum Beispiel Kevin S. LaBar and Roberto Cabeza, »Cognitive Neuroscience of Emotional Memory,« Nature Reviews Neuroscience 7 (2006): 54–64.

Schluss

50 Mehr dazu siehe Kerry Lotsof, »Are We Really Made of Stardust?,« Natural History Museum, London, https://www.nhm.ac.uk/discover/are-we-really-made-of-stardust.html.

51 V. S. Ramachandran, The Tell-Tale Brain: A Neuroscientist's Quest for What Makes Us Human (New York: W. W. Norton & Co., 2011).

Stichwortverzeichnis

U

V

W

Z

Insider-Tipps für den Karrierestart

Ob Berufseinsteiger oder Jobhopper – eine neue Arbeit birgt immer Herausforderungen. Doch niemand sagt einem im Vorfeld, wie man den ersten Arbeitstag bewältigt, wie die Kollegen reagieren oder wie man im neuen Job besteht.
In diesem praktischen Leitfaden erläutert der Harvard-Karriereberater Gorick Ng die unausgesprochenen Regeln der Arbeit und entmystifiziert in über 500 Interviews mit Fachleuten aus verschiedenen Branchen die größten Fehler, die Menschen beim Antreten eines neuen Jobs machen können. Ein Buch mit vielen Checklisten, praktischen Gesprächsleitfäden und konkreten Strategien, um die Weichen für eine erfüllende Karriere zu stellen.

320 Seiten
Softcover
20,00 € (D) | 20,60 € (A)
ISBN 978-3-86881-873-4

www.redline-verlag.de

REDLINE | VERLAG

Die Erfolgsprinzipien des Pioniers Jeff Bezos

Diese einzigartige Sammlung zeigt in Jeff Bezos' eigenen Worten seine Grundprinzipien und seine Philosophie, die ihn bei der Schaffung, dem Aufbau und der Führung von Amazon und seiner Weltraumfirma Blue Origin geleitet haben – das Warum und Wie seines Erfolgs.

Vom Plädoyer für ein gesundes Misstrauen gegenüber Institutionen, der Kampagne für die Legalisierung der Homosexuellenehe bis hin zu Innovation und Klimawandel erfährt man aus erster Hand, wie Bezos über die Welt und die Zukunft denkt.

Die inspirierenden Einblicke machen eines bewusst: Das Entscheidende ist, immer vorwärtszugehen und jeden Tag neu zu denken!

368 Seiten
Hardcover
22,00 € (D) | 22,70 € (A)
ISBN 978-3-86881-832-1

www.redline-verlag.de

REDLINE | VERLAG

Haben Sie Interesse an unseren Büchern?

Zum Beispiel als Geschenk für Ihre Kundenbindungsprojekte?

Dann fordern Sie unsere attraktiven Sonderkonditionen an.

Weitere Informationen erhalten Sie bei unserem Vertriebsteam unter **+49 89 651285-252**

oder schreiben Sie uns per E-Mail an:
vertrieb@m-vg.de

REDLINE | VERLAG